西藏自然保护地生物多样性丛书

玛旁雍错湿地国家级自然保护区
植物卷

西藏自治区林业调查规划研究院
普布顿珠　边巴多吉 ◎ 主　编

中国林业出版社
·北京·

图书在版编目（CIP）数据

玛旁雍错湿地国家级自然保护区. 植物卷 / 普布顿珠, 边巴多吉主编. -- 北京：中国林业出版社, 2023.3（西藏自然保护地生物多样性丛书）
ISBN 978-7-5219-2153-3

Ⅰ. ①玛… Ⅱ. ①普… ②边… Ⅲ. ①沼泽化地－自然保护区－植物－介绍－西藏 Ⅳ. ①S759.992.75

中国国家版本馆CIP数据核字(2023)第076871号

策划编辑：张衍辉
责任编辑：张衍辉　葛宝庆
封面设计：北京鑫恒艺文化传播有限公司

出版发行：中国林业出版社
　　　　　（100009，北京市西城区刘海胡同7号，电话010-83143521）
电子邮箱：np83143521@126.com
网　址：www.forestry.gov.cn/lycb.html
印　刷：北京博海升彩色印刷有限公司
版　次：2023年3月第1版
印　次：2023年3月第1次
开　本：787mm×1092mm　1/16
印　张：11.25
字　数：180千字
定　价：138.00元

玛旁雍错湿地国家级自然保护区植物卷

编委会

主　　编	普布顿珠　边巴多吉
副 主 编	许　敏　次　平　嘎玛群宗
编　　委	罗桑罗布　索朗多觉　李太江　王　渊
	刘　锋　王广龙　索朗卓嘎　边巴仓决
	徐　磊　姚卫杰　德吉桑姆　塔巴次仁
	拉　姆　多吉江村　尼玛顿珠　德吉卓嘎
	其美拉姆　巴桑央金　久美拉姆　达娃次仁
	索朗杰布　格桑罗布　扎西杰参　扎西巴丁
	仁增朗加
顾　　问	朱雪林　张家平　黎国强
摄　　影	董洪进　许　敏
主编单位	西藏自治区林业调查规划研究院
协助单位	阿里地区林业和草原局
	普兰县自然资源局
	西藏阿里普兰县玛旁雍错湿地国家级自然保护区管理局
	湖北省黄冈师范学院

前 言

按《国际湿地公约》定义，湿地系指不论其为天然或人工、长久或暂时之沼泽地、湿草原、泥炭地或水域地带，带有静止或流动或为淡水、半咸水或咸水水体者，包括低潮时水深不超过6米的水域。湿地与森林、海洋并称为全球三大生态系统，在世界各地分布广泛。湿地是地球上有着多功能的、富有生物多样性的生态系统。它向人类提供食物、能源、原材料和水资源，在维持生态平衡、保持生物多样性和珍稀物种资源以及涵养水源、蓄洪防旱、降解污染、调节气候、补充地下水、控制土壤侵蚀等方面均起到重要作用，是人类最重要的生存环境之 。它因有如此众多有益的功能而被人们称为"地球之肾"。湿地生态系统中生存着大量动植物，这使很多湿地被列为自然保护区。

玛旁雍错湿地国家级自然保护区（以下简称"玛旁雍错保护区"）位于西藏自治区西南部的普兰县北部，地理坐标介于东经81°05′31.21″—81°37′56.9″、北纬30°32′47.1″—30°52′20.3″。保护区总面积101190.00公顷，其中，核心区面积67791.32公顷，缓冲区面积10680.67公顷，实验区面积22718.01公顷。

玛旁雍错保护区有维管束植物46科161属285种（包括种下等级，下同），其中，蕨类植物2科2属2种，裸子植物1科1属2种，被子植物43科158属281种。

玛旁雍错是地球上高海拔地区淡水储量最大的高寒内流湖泊，是世界高寒地区最具有代表性和典型性的湖泊湿地，保护区巨大的湿地面积对特殊干旱荒漠气候区的生态系统、生命系统和社会经济系统的支撑作用发挥巨大的作用。此外，玛旁雍错周边发育了著名的恒河、印度河、萨特累季河和雅鲁藏布江等四大河流，因此而被称为"世界江河之母"，不仅是南亚、东南亚地区的"江河源"和"生态源"，也是中国乃至东半球气候的"启动器"和"调节区"，其生态地位非常重要。

编委会
2022年5月

目 录

前 言

总 论 1

1 保护区概况 2
1.1 地理位置 2
1.2 功能分区 2
1.3 主要保护对象 2
1.4 历史沿革 2
1.5 管理现状 2

2 保护区自然地理 3
2.1 地质地貌 3
2.2 气候 3
2.3 水系 3
2.4 土壤 3
2.5 湿地资源 4

3 保护区植物多样性 5
3.1 植被 5
3.2 维管束植物多样性 8

分 论 15

木贼科 Equisetaceae 16
冷蕨科 Cystopteridaceae 16
麻黄科 Ephedraceae 17
荨麻科 Urticaceae 18
蓼科 Polygonaceae 19
藜科 Chenopodiaceae 25
石竹科 Caryophyllaceae 30
毛茛科 Ranunculaceae 35

罂粟科 Papaveraceae	41
十字花科 Brassicaceae	43
景天科 Crassulaceae	50
虎耳草科 Saxifragaceae	53
蔷薇科 Rosaceae	54
豆科 Fabaceae	57
牻牛儿苗科 Geraniaceae	67
大戟科 Euphorbiaceae	68
水马齿科 Callitrichaceae	69
鼠李科 Rhamnaceae	70
柽柳科 Tamaricaceae	70
堇菜科 Violaceae	71
胡颓子科 Elaeagnaceae	72
柳叶菜科 Onagraceae	72
车前科 Plantaginaceae	73
伞形科 Apiaceae	73
报春花科 Primulaceae	76
龙胆科 Gentianaceae	78
旋花科 Convolvulaceae	81
紫草科 Boraginaceae	81
唇形科 Lamiaceae	85
茄科 Solanaceae	89
玄参科 Scrophulariaceae	90
紫葳科 Bignoniaceae	95
茜草科 Rubiaceae	96
车前科 Plantaginaceae	97
桔梗科 Campanulaceae	98
忍冬科 Caprifoliaceae	99
败酱科 Valerianaceae	100
菊科 Asteraceae	100
禾本科 Poaceae	120
水麦冬科 Juncaginaceae	138

眼子菜科 Potamogetonaceae 139

莎草科 Cyperaceae.. 139

灯心草科 Juncaceae 144

百合科 Liliaceae.. 145

附录　西藏玛旁雍错湿地国家级自然保护区维管束植物名录......................147

总论

1 保护区概况

1.1 地理位置

玛旁雍错保护区在行政区划上隶属于普兰县，涉及巴嘎乡、霍尔乡和普兰镇等3个乡镇的6个行政村，地理坐标介于东经81°05′31.21″—81°37′56.9″、北纬30°32′47.1″—30°52′20.3″，包括以玛旁雍错、拉昂错为中心以及两湖泊周边沼泽湿地、河流湿地在内的生态敏感区域。

1.2 功能分区

玛旁雍错保护区总面积101190.00公顷，划分为核心区、缓冲区和实验区等3个功能区。其中，核心区面积67791.32公顷，占保护区总面积的66.99%；缓冲区面积10680.67公顷，占保护区总面积的10.56%；实验区面积22718.01公顷，占保护区总面积的22.45%。

根据《自然保护区类型与级别划分原则》（GB/T14529—93），保护区属于"自然生态系统"类别的"内陆湿地和水域生态系统类型"。

1.3 主要保护对象

以玛旁雍错和拉昂错为主体的高寒湖泊湿地生态系统，包括永久性淡水湖和永久性咸水湖、草本沼泽和沼泽化草甸以及永久性河流和季节性或间歇性河流在内的各类湿地资源，以及水生和陆栖生物在内的生物多样性及其生境。

1.4 历史沿革

2002年，阿里地区行署批准建立玛旁雍错地区级湿地自然保护区；2004年，玛旁雍错湿地被国际湿地组织确定为国际重要湿地；2008年，西藏自治区人民政府将玛旁雍错保护区升级为自治区级湿地自然保护区；2017年，国务院批准玛旁雍错保护区晋升为国家级自然保护区。

1.5 管理现状

2007年，阿里地区机构编制委员会以阿机编字〔2007〕23号文成立西藏玛旁雍错湿地自然保护区管理局。目前，管理局下设6个管理站和3个管理点。

2 保护区自然地理

2.1 地质地貌

玛旁雍错保护区地层属于青藏高原的喜马拉雅分区，本区内地层发育齐全，自前寒武系至第四系均有出露。喜马拉雅分区又可分为孜-霍尔分区和北喜马拉雅分区。

玛旁雍错保护区内的地质构造奠定了该区地貌的基本形态，现代洪积和湖积作用塑造了现代地貌形态。普兰县地貌可分为高山峡谷和高山宽谷2个综合地貌区，保护区就位于高山宽谷地貌大区内，主要由高山宽谷、高山地貌和湖泊地貌组成。

2.2 气候

玛旁雍错保护区所在地属高原亚寒带干旱气候。普兰县年平均气温为3摄氏度，极端最高气温为34.5摄氏度，极端最低气温－29.4摄氏度。区域年平均降水量为172.8毫米，由于受季风进退以及暖湿气流的影响，湿热同季，降雨多集中在7月至9月，占全年降水总量的80%以上，冬春降水稀少，气候寒冷，空气干燥多大风，雨季和干季明显。区域全年晴多雨少，日照充足。5月至9月平均日照时数在14小时以上，属于长日照区域。年日照时数在3153.2小时，年日照率为73%。保护区地处西风带内，受高空西风气流影响，多半午盛行西风，而且风大、风频。年平均风速为3.7米/秒，最大风速为19米/秒（1977年3月19日），全年最多风向为南南西（SSW），频率为15%。

2.3 水系

玛旁雍错保护区位于青藏高原内流区，总流域面积7380平方千米，玛旁雍错和拉昂错两大湖泊是区域的汇水中心。

2.4 土壤

玛旁雍错保护区土壤的成土母质主要为洪积物和湖积物，受高原特殊生态环境、特殊成土条件的影响和制约，使其具有特定的成土过程和土壤属性。该区土壤主要有高山草原土、沼泽土、草甸土、盐土和新积土等类型。其中，高山草原土为地带性土壤，成土母质为洪积物，在该区有高山草原土和高山灌丛草原土2个亚类；草甸土为该区隐域性半水成土，成土母质主要是河流冲积物和湖积物，在该区有草甸土、盐化草甸土和沼泽草甸土3个亚类；盐土、沼泽土和新积土均为隐域性土壤类型，成土母质多为湖积物。

2.5 湿地资源

根据实地调查和历史资料记载,玛旁雍错保护区有维管束植物285种(包括种下等级,下同),隶属46科161属。其中,蕨类植物2科2属2种,裸子植物1科1属2种,被子植物43科158属281种。玛旁雍错的自然植被可分为4个植被型、10个群系。

玛旁雍错保护区内湿地面积82950.45公顷,涉及3个湿地类和7个湿地型。按湿地类分,包括河流湿地、湖泊湿地、沼泽湿地。按湿地型分,包括永久性河流、季节性或间歇性河流、洪泛平原湿地、永久性淡水湖、永久性咸水湖、沼泽化草甸、地热湿地。

3 保护区植物多样性

3.1 植被

玛旁雍错保护区地处西藏自治区西南部的普兰县北部，保护区总面积101190.00公顷，平均海拔4700米，包括以玛旁雍错、拉昂错为中心的两湖周边沼泽湿地、河流湿地在内的生态敏感区域。玛旁雍错湿地是青藏高原西南亚寒带干旱气候区最重要的湿地，对于维护藏西南生态系统具有极其重要的作用。玛旁雍错湿地生态系统由湖泊湿地生态系统、沼泽生态系统、草原生态系统、荒漠生态系统组成，在生态上是一个完整封闭的系统，其脆弱性和不可再生性的特征十分突出，是西藏高原最具有代表性和典型性的湖泊湿地。玛旁雍错保护区植被类型见表3-1。

表3-1 玛旁雍错保护区植被类型

植被型	植被亚型	群系	群落
Ⅰ 荒漠	（Ⅰ）高寒荒漠	固沙草群系（Form. *Orinus thoroldii*）	固沙草群落（*Orinus thoroldii* Comm.）
		藏沙蒿群系（Form. *Artemisia wellbyi*）	藏沙蒿群落（*Artemisia wellbyi* Comm.）
Ⅱ 灌草丛	（Ⅱ）高寒灌草丛	变色锦鸡儿群系（Form. *Caragana versicolor*）	异色锦鸡儿群落（*Caragana versicolor* Comm.）
		西藏泡囊草群系（Form. *Physochlaina praealta*）	西藏泡囊草群落（*Physochlaina praealta* Comm.）
		冻原白蒿群系（Form. *Artemisia stracheyi*）	冻原白蒿群落（*Artemisia stracheyi* Comm.）
		叉枝蓼群系（Form. *Polygonum tortuosum*）	叉枝蓼群落（*Polygonum tortuosum* Comm.）
Ⅲ 草甸	（Ⅲ）高寒草甸	木根香青群系（Form. *Anaphalis xylorhiza*）	木根香青群落（*Anaphalis xylorhiza* Comm.）
		矮生二裂委陵菜群系（Form. *Potentilla bifurca* var. *humilior*）	矮生二裂委陵菜群落（*Potentilla bifurca* var. *humilior* Comm.）
		高山嵩草群系（Form. *Kobresia pygmaea*）	高山嵩草群落（*Kobresia pygmaea* Comm.）
Ⅳ 水生植被	（Ⅳ）水生植被	篦齿眼子菜群系（Form. *Stuckenia pectinata*）	篦齿眼子菜群落（*Stuckenia pectinata* Comm.）

玛旁雍错湿地自然保护区的主要群落/栖息地的植被类型描述如下：

Ⅰ. 荒漠

（Ⅰ）高寒荒漠

（1）固沙草群系

本群系是玛旁雍错保护区最外围植物群系，基本由稀疏低矮的草本植物组成或含有少量低矮灌木。

该群系记录1个群落，即固沙草群落（*Orinus thoroldii* Comm.）。

该群落盖度10%。常见伴生种有细芒羊茅*Festuca stapfii*、沙生针茅*Stipa caucasica* subsp. *glareosa*、紫花针茅*Stipa purpurea*、芨芨草*Achnatherum splendens*、弱小火绒草*Leontopodium pusillum*、紫花亚菊*Ajania purpurea*、腺毛风毛菊*Saussurea schlagintweitii*、驼绒藜*Krascheninnikovia ceratoides*等。

（2）藏沙蒿群系

本群系是玛旁雍错保护区最外围植物群系，基本由稀疏低矮的草本植物和少量小灌木组成。

该群系记录1个群落，即藏沙蒿群落（*Artemisia wellbyi* Comm.）。

该群落盖度10%。常见伴生种有细裂叶莲蒿*Artemisia gmelinii*、高原荨麻*Urtica hyperborea*、昆仑针茅*Stipa roborowskyi*、丝颖针茅*Stipa capillacea*、穗序碱茅*Puccinellia subspicata*、广序剪股颖*Agrostis hookeriana*、毛柱蔓黄芪*Phyllolobium heydei*、山岭麻黄*Ephedra gerardiana*等。

Ⅱ. 灌草丛

（Ⅱ）高寒灌草丛

（1）变色锦鸡儿群系

本群系是玛旁雍错保护区面积较大的植物群系，由矮灌木和少量草本植物组成。

该群系记录1个群落，即变色锦鸡儿群落（*Caragana versicolor* Comm.）。

该群落盖度20%。常见伴生种有角果碱蓬*Suaeda corniculata*、穗花韭*Milula spicata*、昌都羊茅*Festuca changduensis*、固沙草*Orinus thoroldi*、沙生针茅*Stipa caucasica* subsp. *glareosa*、沙生风毛菊*Saussurea arenaria*、盐生草*Halogeton glomeratus*、西藏沙棘*Hippophae tibetana*、丛生黄芪*Astragalus confertus*等。

（2）西藏泡囊草群系

本群系是玛旁雍错保护区面积较大的植物群系，位于临近水边的沙地。

该群系记录1个群落，即西藏泡囊草群落（*Physochlaina praealta* Comm.）。

该群落盖度20%。常见伴生种有喜马拉雅鹤虱*Lappula himalayensis*、毛果草*Lasiocaryum densiflorum*、羽裂扁芒菊*Allardia tomentosa*、天仙子*Hyoscyamus niger*、钉柱委陵菜*Potentilla saundersiana*、蕨麻*Potentilla anserina*等。

（3）冻原白蒿群系

本群系是玛旁雍错保护区面积较大的植物群系，位于周围山坡上，由低矮草本植物组成。

该群系记录1个群落，即冻原白蒿群落（*Artemisia stracheyi* Comm.）。

该群落盖度15%。常见伴生种有芥叶千里光*Senecio desfontainei*、毛莲蒿*Artemisia vestita*、西藏香青*Anaphalis tibetica*、矮小假苦菜*Askellia pygmaea*、异色风毛菊*Saussurea brunneopilosa*等。

（4）叉枝蓼群系

本群系是玛旁雍错保护区面积较大的植物群系，位于临近水边的沙土地段，物种多样性多于该植被亚型的其他群系。

该群系记录1个群落，即叉枝蓼群落（*Polygonum tortuosum* Comm.）。

该群落盖度30%。常见伴生种有雪球点地梅*Androsace robusta*、矮生二裂委陵菜*Potentilla bifurca* var. *humilior*、肉果草*Lancea tibetica*、西藏泡囊草*Physochlaina praealta*、高原荨麻*Urtica hyperborea*、砂生地蔷薇*Chamaerhodos sabulosa*、垫状棱子芹*Pleurospermum hedinii*、灌木亚菊*Ajania fruticulosa*、大花蒿*Artemisia macrocephala*、藏沙蒿*Artemisia wellbyi*等。

III. 草甸

（III）高寒草甸

（1）木根香青群系

本群系是玛旁雍错保护区面积较小的植物群系，以斑片状出现于湖滩附近。

该群系记录1个群落，即木根香青群落（*Anaphalis xylorhiza* Comm.）。

该群落盖度20%。常见伴生种有山蓼*Oxyria digyna*、臭蒿*Artemisia hedinii*、小球花蒿*Artemisia moorcroftiana*、矮小假苦菜*Askellia pygmaea*、重冠紫菀*Aster diplostephioides*、毛苞刺头菊*Cousinia thomsonii*、吉隆风毛菊*Saussurea andryaloides*、软紫草*Arnebia euchroma*等。

（2）矮生二裂委陵菜群系

本群系是玛旁雍错保护区面积较小的植物群系，由大片匍匐草本植物组成。

该群系记录1个群落，即矮生二裂委陵菜群落（*Potentilla bifurca* var. *humilior* Comm.）。

该群落盖度20%。常见伴生种有三脉梅花草*Parnassia trinervis*、矮小斑虎耳草*Saxifraga punctulata* var. *minuta*、藏玄参*Oreosolen wattii*、铺散马先蒿*Pedicularis diffusa*、齿叶

玄参Scrophularia dentata、云生毛茛Ranunculus nephelogenes、窄裂委陵菜Potentilla angustiloba、青藏蓼Polygonum fertile、多裂委陵菜Potentilla multifida等。

（3）高山嵩草群系

本群系是玛旁雍错保护区最具代表性的植物群系，在该地区有连续的大面积分布。

该群系记录1个群落，即高山嵩草群落（Kobresia pygmaea Comm.）。

该群落盖度70%。常见伴生种有黑褐穗薹草Carex atrofusca subsp. minor、四裂红景天Rhodiola quadrifida、窄叶薹草Carex montis-everesti、薹穗嵩草Kobresia caricina、赤箭嵩草Kobresia schoenoides、高山大戟Euphorbia stracheyi、圆叶黄芪Astragalus orbicularifolius、大花肋柱花Lomatogonium macranthum、蓝钟喉毛花Comastoma cyananthiflorum、毛穗香薷Elsholtzia eriostachya等。

IV. 水生植被

（IV）水生植被

（1）篦齿眼子菜群系

本群系是由水生植物占优势的植物群系，分布于玛湖滨水中以及周围积水洼地。

该群系记录1个群落，即篦齿眼子菜群落（Stuckenia pectinata Comm.）。

常见伴生种有丝叶眼子菜Stuckenia filiformis、水毛茛Batrachium bungei、杉叶藻Hippuris vulgaris、水麦冬Triglochin palustris、沼生水马齿Callitriche palustris等。

3.2 维管束植物多样性

经实地调查和查阅相关资料，统计到保护区有维管束植物46科161属285种（包括种下等级，下同），其中蕨类植物2科2属2种，裸子植物1科1属2种，被子植物43科158属281种（表3-2）。

表3-2 玛旁雍错保护区维管束植物组成

分类群			科数（个）	属数（个）	种数（种）
蕨类植物			2	2	2
种子植物	裸子植物		1	1	2
	被子植物	双子叶植物	37	29	221
		单子叶植物	6	130	60
		被子植物小计	43	158	281
	种子植物小计		44	159	283
维管植物合计			46	161	285

3.2.1 科的数量结构

玛旁雍错保护区维管束植物46科，科的数量结构见表3-3。由表3-3可知，含有10种以上的科有10科，占本区全部科数的21.74%。这些科包含94个属，占本区全部属数的58.39%；含有186种，占本区全部种数的65.26%，其属种数都占50%以下，说明这10个科是本地区系的主体。

表3-3 玛旁雍错保护区维管束植物科的数量结构

包含种数在10种以上的科		
玄参科Scrophulariaceae（6:10）	石竹科Caryophyllaceae（5:10）	藜科Chenopodiaceae（8:11）
莎草科Cyperaceae（5:12）	十字花科Brassicaceae（11:14）	毛茛科Ranunculaceae（9:14）
蓼科Polygonaceae（5:14）	豆科Fabaceae（10:21）	禾本科Poaceae（19:38）
菊科Asteraceae（16:42）		
包含5~9种的科		
伞形科Apiaceae（5:6）	龙胆科Gentianaceae（4:6）	景天科Crassulaceae（2:7）
蔷薇科Rosaceae（2:8）	唇形科Lamiaceae（6:8）	紫草科Boraginaceae（6:9）
包含4种的科		
罂粟科Papaveraceae（3:4）	报春花科Primulaceae（3:4）	百合科Liliaceae（3:4）
包含3种的科		
茄科Solanaceae（2:3）	虎耳草科Saxifragaceae（2:3）	
包含2种的科		
眼子菜科Potamogetonaceae（1:2）	荨麻科Urticaceae（1:2）	水麦冬科Juncaginaceae（1:2）
茜草科Rubiaceae（2:2）	牻牛儿苗科Geraniaceae（2:2）	麻黄科Ephedraceae（1:2）
柳叶菜科Onagraceae（2:2）	桔梗科Campanulaceae（2:2）	灯心草科Juncaceae（1:2）
大戟科Euphorbiaceae（1:2）	柽柳科Tamaricaceae（1:2）	车前草科（1:2）
包含1种的科		
紫葳科Bignoniaceae（1:1）	熏倒牛科Biebersteiniaceae（1:1）	旋花科Convolvulaceae（1:1）
水马齿科Callitrichaceae（1:1）	鼠李科Rhamnaceae（1:1）	杉叶藻科Hippuridaceae（1:1）
忍冬科Caprifoliaceae（1:1）	木贼科Equisetaceae（1:1）	冷蕨科Cystopteridaceae（1:1）
堇菜科Violaceae（1:1）	胡颓子科Elaeagnaceae（1:1）	刺参科Morinaceae（1:1）
败酱科Valerianaceae（1:1）		

注：括号内分别为属与种的数量。

从科内种一级的分析来看（表3-4），本地区出现1种的科有13科，占全部科数的28.26%，共计13种，占全部种数的4.56%；出现2~4种的科有17科，占全部科数的36.96%，共计42种，占全部种数的14.74%；出现5~9种的科有6科，占全部科数的13.04%，共计44种，占全部种数的15.44%；出现10种及以上的科有10科，占全部科数的21.74%，共计186种，占全部种数的65.26%。

表3-4 玛旁雍错保护区维管束植物科内种的数量结构

类型	科数（个）	占全部科数的比例（%）	含有的种数（种）	占全部种数的比例（%）
仅出现1种的科	13	28.26	13	4.56
出现2~4种的科	17	36.96	42	14.74
出现5~9种的科	6	13.04	44	15.44
出现10种及以上的科	10	21.74	186	65.26
总计	46	100.00	285	100.00

3.2.2 属的数量结构

玛旁雍错保护区维管束植物共161属，属的数量结构分析见表3-5。在本区仅出现1种的属有100属，占全部属数的62.11%，所含种数为100种，占全部种数的35.09%。出现2种的属有44属，占全部属数的27.33%，所含种数为88种，占全部种数的30.88%。出现3种的属有1属，占全部属数的0.62%，所含种数为3种，占全部种数的1.05%。出现多于4种的属有16属，占全部属数的9.94%，所含种数为94种，占全部种数的32.98%。

表3-5 玛旁雍错保护区维管束植物属内种的数量结构

类型	属数（个）	占全部属数的比例（%）	含有的种数（种）	占全部种数的比例（%）
仅出现1种的属	100	62.11	100	35.09
出现2种的属	44	27.33	88	30.88
出现3种的属	1	0.62	3	1.05
出现4种及以上的属	16	9.94	94	32.98
总计	161	100.00	285	100.00

3.2.3 分布区类型统计

3.2.3.1 种子植物科的地理成分

由表3-6可知,44科种子植物共划分为7个分布区类型。除世界分布类型外,科的地理分布温带占主导地位,共13科,占总科数的76.47%;热带分布有4科,占总科数的23.53%;没有中国特有科。

表3-6 科属种三级的分布区类型

分布型	科数（个）	科占比（%）	属数（个）	属占比（%）	种数（种）	种占比（%）
1. 世界广布	27	—	24	—	2	—
2. 泛热带	4	23.53	3	2.22	3	1.07
3. 东亚与热带南美间断	—	—	—	—	1	0.36
4. 旧世界热带	—	—	—	—	—	—
5. 热带亚洲至热带大洋洲	—	—	—	—	—	—
6. 热带亚洲至热带非洲	—	—	1	0.74	1	0.36
7. 热带亚洲	—	—	1	0.74	1	0.36
热带小计	4	23.53	5	3.70	6	2.14
8. 北温带	4	23.53	73	54.07	15	5.34
9. 东亚及北美间断	4	23.53	6	4.44	8	2.85
10. 旧世界温带	3	17.65	22	16.30	15	5.34
11. 温带亚洲	1	5.88	7	5.19	13	4.63
12. 地中海地区、西亚至中亚	1	5.88	6	4.44	1	0.36
13. 中亚	—	—	7	5.19	160	56.94
14. 东亚	—	—	8	5.93	21	7.47
温带小计	13	76.47	129	95.56	233	82.92
15. 中国特有	—	—	1	0.74	42	14.95
总计	44	—	159	—	283	—

3.2.3.2 种子植物属的地理成分

159属种子植物可以划分为12个分布区类型,与科的分布区类型类似。除世界分布型外,属的分布区类型中温带成分占优势,共计129属,占总属数的95.56%;热带分布仅5

属，占3.70%。在129个温带分布属种，北温带及其变型分布共73属，占种子植物总属数的54.07%，如委陵菜属 *Potentilla*、棘豆属 *Oxytropis*、蒿属 *Artemisia*、红景天属 *Rhodiola*、嵩草属 *Kobresia* 等。其次是旧世界温带及其变型分布共占22属，占种子植物总属数的16.30%，如锦鸡儿属 *Caragana*、火绒草属 *Leontopodium*、针茅属 *Stipa*、苦苣菜属 *Sonchus* 等。而五个热带分布属则是由泛热带分布的大戟属 *Euphorbia*、飘拂草属 *Fimbristylis*、狼尾草属 *Pennisetum*；热带亚洲至热带非洲分布的毛鳞菊属 *Melanoseris* 和热带亚洲分布的苦荬菜属 *Ixeris* 组成。中国特有分布占1属，为三蕊草属 *Sinochasea*。

3.2.3.3 种子植物种的地理成分

283种种子植物可以划分为13个分布区类型，这说明野生种子植物在种的组成上地理成分较为复杂。其中温带成分占优势，共计233种，占总数的82.92%，反映出该地区的野生种子植物主要具有温带属性。

3.2.4 珍稀濒危保护植物

3.2.4.1 国家重点保护野生植物

根据《国家重点保护野生植物名录》（2021版），玛旁雍错保护区有国家二级保护野生植物大花红景天、长鞭红景天、四裂红景天、三蕊草、匙叶甘松，数量稀少（表3-7）。

表3-7 玛旁雍错保护区国家重点保护野生植物

序号	中文名	学名	保护等级	数量	分布地
1	大花红景天	*Rhodiola crenulata*	国家二级	约20株	山坡
2	长鞭红景天	*Rhodiola fastigiata*	国家二级	约10株	山坡
3	四裂红景天	*Rhodiola quadrifida*	国家二级	约20株	山坡
4	三蕊草	*Sinochasea trigyna*	国家二级	约10株	路边
5	匙叶甘松	*Nardostachys jatamansi*	国家二级	约4株	山坡

3.2.4.2 其他珍稀濒危保护植物

（1）列入《世界自然保护联盟濒危物种红色名录》的物种

玛旁雍错保护区内共283种种子植物、2种蕨类植物经过世界自然保护联盟（IUCN）专家委员会（2017）和《中国蕨类植物多样性与地理分布》蕨类植物专家评估（同时被二者评估的蕨类植物濒危等级按照后者评估濒危等级）。这285种经过评估的维管束植物中，7种被评估为无危（LC）物种。

（2）列入《濒危野生动植物种国际贸易公约》附录的物种

按照《濒危野生动植物种国际贸易公约》（CITES）2019年的界定结果，保护内共有1种植物被列入了CITES附录中，为附录II物种，即败酱科的匙叶甘松 *Nardostachys jatamansi*。

3.2.5 特有植物

玛旁雍错保护区共有中国特有植物42种，其中西藏特有植物12种（表3-8）。

表3-8 玛旁雍错保护区特有植物

序号	科名	中文名	学名	特有
1	伞形科	西藏厚棱芹	*Pachypleurum xizangense*	西藏特有
2	菊科	紫花亚菊	*Ajania purpurea*	西藏特有
3	菊科	西藏香青	*Anaphalis tibetica*	西藏特有
4	菊科	藏白蒿	*Artemisia younghusbandii*	西藏特有
5	菊科	拉萨雪兔子	*Saussurea kingii*	西藏特有
6	紫草科	具柄齿缘草	*Eritrichium petiolare*	西藏特有
7	紫草科	陀果齿缘草	*Eritrichium petiolare* var. *subturbinatum*	西藏特有
8	紫草科	喜马拉雅鹤虱	*Lappula himalayensis*	西藏特有
9	豆科	圆叶黄耆	*Astragalus orbicularifolius*	西藏特有
10	唇形科	褪色扭连钱	*Marmoritis decolorans*	西藏特有
11	唇形科	雪地扭连钱	*Marmoritis nivalis*	西藏特有
12	唇形科	札达荆芥	*Nepeta zandaensis*	西藏特有
13	伞形科	垫状棱子芹	*Pleurospermum hedinii*	中国特有
14	菊科	江孜香青	*Anaphalis deserti*	中国特有
15	菊科	淡黄香青	*Anaphalis flavescens*	中国特有
16	菊科	青藏蒿	*Artemisia duthreuil-de-rhinsi*	中国特有
17	菊科	沙生风毛菊	*Saussurea arenaria*	中国特有
18	菊科	异色风毛菊	*Saussurea brunneopilosa*	中国特有
19	菊科	直鳞禾叶风毛菊	*Saussurea graminea* var. *ortholepis*	中国特有
20	紫葳科	藏波罗花	*Incarvillea younghusbandii*	中国特有
21	紫草科	小微孔草	*Microula younghusbandii*	中国特有
22	石竹科	腺毛蝇子草	*Silene yetii*	中国特有
23	石竹科	毛禾叶繁缕	*Stellaria graminea* var. *pilosula*	中国特有
24	豆科	雅鲁黄芪	*Astragalus cobresiiphilus*	中国特有
25	豆科	镰荚棘豆	*Oxytropis falcata*	中国特有

（续表）

序号	科名	中文名	学名	特有
26	豆科	冰川棘豆	*Oxytropis proboscidea*	中国特有
27	豆科	细小棘豆	*Oxytropis pusilla*	中国特有
28	龙胆科	蓝钟喉毛花	*Comastoma cyananthiflorum*	中国特有
29	唇形科	毛穗香薷	*Elsholtzia eriostachya*	中国特有
30	刺参科	青海刺参	*Morina kokonorica*	中国特有
31	禾本科	普兰披碱草	*Elymus pulanensis*	中国特有
32	禾本科	昌都羊茅	*Festuca changduensis*	中国特有
33	禾本科	三蕊草	*Sinochasea trigyna*	中国特有
34	蓼科	青藏蓼	*Polygonum fertile*	中国特有
35	毛茛科	露蕊乌头	*Aconitum gymnandrum*	中国特有
36	蔷薇科	窄裂委陵菜	*Potentilla angustiloba*	中国特有
37	茜草科	钩毛茜草	*Rubia oncotricha*	中国特有
38	虎耳草科	三脉梅花草	*Parnassia trinervis*	中国特有
39	虎耳草科	矮小斑虎耳草	*Saxifraga punctulata* var. *minuta*	中国特有
40	玄参科	阿拉善马先蒿	*Pedicularis alaschanica*	中国特有
41	玄参科	毛果婆婆纳	*Veronica eriogyne*	中国特有
42	毛茛科	西藏铁线莲	*Clematis tenuifolia*	中国特有

3.2.6 外来物种

玛旁雍错保护区整体位于青藏高原西部的高原山区，人员活动相对较少，本次调查未发现外来入侵植物。

分论

木贼科 Equisetaceae

木贼属 Equisetum

1. 犬问荆

Equisetum palustre

多年生中小型植物。气生枝一型，一年生，绿色，主枝有脊4～7条，脊背部弧形，光滑，仅有横纹，鞘长，背上部有一浅纵沟。

生于海拔200～400米。

冷蕨科 Cystopteridaceae

冷蕨属 Cystopteris

2. 皱孢冷蕨

Cystopteris dickieana

根状茎短横走或稍伸长，顶端和基部被鳞片。叶近生或簇生，二回羽裂或二回羽状，披针形或宽披针形，羽片12～15对。孢子周壁无刺状凸起，具褶皱或粗糙、不规则凸起。

生于海拔1400～5600米的山谷或山坡石缝中。

麻黄科 Ephedraceae

麻黄属 *Ephedra*

3. 山岭麻黄
Ephedra gerardiana

矮小灌木，高5～15厘米。木质茎常横卧埋于土中；地上小枝绿色，纵槽纹明显。叶2裂，下部合生。雄球花单生，长2～3毫米，苞片2～3对，雄花具8枚雄蕊。雌球花单生，具2～3对苞片，珠被管短；雌球花成熟时肉质红色，近圆球形。种子1～2粒，先端外露。

生于海拔3900～5000米的干旱山坡。

麻黄属 *Ephedra*

4. 西藏中麻黄
Ephedra intermedia

灌木，高达1米以上。茎枝硬直粗壮，常向上直伸或稍外展；绿色小枝多被白粉呈灰绿色，纵沟槽纹较明显，径约2毫米。叶多2裂，或杂以3裂，裂片短，占全叶1/4～1/3。雄花花药常有极短的离生花丝；雌球花苞片2～3对，苞片常有较宽的膜质边缘。

生于海拔3000～4300米的干燥贫瘠的土壤中。

荨麻科 Urticaceae

荨麻属 *Urtica*

5. 异株荨麻

Urtica dioica

多年生草本，雌雄异株，少有同株。根茎木质，茎简单或少分枝，有刺毛。叶卵形至披针形，5～11厘米，边缘有锯齿，两面有刺毛；托叶4枚，离生，5～8毫米。雄花序圆锥状。果光滑。

生于海拔3300～3900米的山坡阴湿处。

荨麻属 *Urtica*

6. 高原荨麻

Urtica hyperborea

多年生草本，丛生，具木质地下茎。茎具稍密的刺毛和稀疏的微柔毛，叶卵形或心形，叶柄短，有6～11枚牙齿，两面有刺毛。托叶离生。雌雄同株或异株，雄花具细长梗，雌花被有刺毛，雄花序生下部叶腋，雌花被果时干膜质，比果大1倍以上。

生于海拔3000～5201米的高山石砾地、岩缝或山坡草地。

蓼科 Polygonaceae

冰岛蓼属 *Koenigia*

7. 冰岛蓼

Koenigia islandica

一年生草本，低矮。茎细弱，常簇生，无毛。叶宽椭圆形或倒卵形，无毛，顶端圆钝；托叶鞘短，膜质。花簇生叶腋，花被绿色，3深裂，雄蕊3；花柱2，头状。瘦果长卵形，双凸镜状，黑褐色，具颗粒状小点。

生于海拔3000～4900米的山顶草地、山沟水边、山坡草地。

蓼属 *Polygonum*

8. 密穗蓼

Polygonum affine

半灌木。根状茎木质；枝高10～15厘米，密集成簇生状。基生叶倒披针或披针形，长5～10厘米，近革质，无毛，边缘外卷。总状花序呈穗状，顶生；苞片膜质；花被5深裂，紫红色；花柱3。瘦果椭圆形，具3棱，包于宿存花被内。

生于海拔4000～4900米的山坡石缝、山坡草地上。

蓼属 *Polygonum*

9. 岩蓼
Polygonum cognatum

多年生草本。根木质化。茎平卧，基部分枝，具纵棱。叶椭圆形，长1～2厘米，基部狭楔形，边缘全缘；叶柄基部具关节。花遍生于植株，1～5朵生于叶腋；花被5深裂，花被片绿色；花柱3。瘦果卵形，具3棱，黑色，包于宿存花被内。

生于海拔1400～4600米的砾石山坡、河滩沙砾地、河谷草地。

蓼属 *Polygonum*

10. 柔茎蓼
Polygonum kawagoeanum

一年生草本。茎细弱，自基部分枝，高20～50厘米，节部生根。叶线状披针形，长3～6厘米，中脉被硬伏毛，边缘具缘毛。总状花序呈穗状，顶生或腋生；苞片漏斗状；每苞内具花2～4；花被5深裂；花柱2。瘦果卵形，双凸镜状，黑色。

生于海拔20～1500米的田边湿地或山谷溪边。

蓼属 *Polygonum*

11. 细叶西伯利亚蓼
Polygonum sibiricum var. *thomsonii*

多年生草本；植株矮小，高2~5厘米。根茎细长；茎基部分枝。叶极狭窄，线形，宽1.5~2.5毫米；托叶鞘筒状，膜质；圆锥状花序顶生；苞片漏斗状；花梗中上部具关节；花被5深裂，黄绿色；花柱3。瘦果卵形，具3棱，黑色。

生于海拔3200~5100米盐湖附近的潮湿地方。

蓼属 *Polygonum*

12. 萹蓄
Polygonum aviculare

一年生草本。茎平卧，上升或直立，基部多分枝，具纵棱。叶椭圆形、狭椭圆形、披针形，全缘，两面无毛，叶柄基部具关节；托叶鞘膜质，下部褐色，上部白色。花单生或数朵簇生于叶腋，花梗细，顶部有关节，花被5深裂，雄蕊8，花柱3。瘦果卵形具3棱，黑褐色，密被细条纹，无光泽。

生于海拔4200米的田野、路边。

蓼属 Polygonum

13. 冰川蓼
Polygonum glaciale

一年生矮小草本。茎细弱，自基部分枝，无毛，高10～25厘米。叶卵形或宽卵形，长0.8～2厘米，宽6～10毫米；叶柄上部具狭翅；托叶鞘膜质。花序头状，较小，顶生或腋生，花序梗上部具腺毛；花被5裂，白色或淡红色；花柱3，中部合生。瘦果卵形，具3棱，黑色，被颗粒状小点。

生于海拔2100～4300米的山顶、山坡草地、山谷湿地。

蓼属 Polygonum

14. 叉枝蓼
Polygonum tortuosum

半灌木。根粗壮。茎直立，无毛或被短柔毛，具叉状分枝。叶卵形或长卵形，近革质，两面被短伏毛或近无毛，全缘，具缘毛；托叶鞘偏斜，膜质，密被柔毛。花序圆锥状，顶生；花梗无关节，粗壮；花白色；花药紫色。瘦果卵形，黄褐色。

生于海拔3600～4900米的山坡草地、山谷灌丛。

蓼属 Polygonum

15. 珠芽蓼
Polygonum viviparum

多年生草本。茎直立，不分枝。基生叶长圆形或卵状披针形，两面无毛，边缘脉端增厚，外卷；托叶鞘筒状，膜质，开裂。总状花序呈穗状，顶生，下部生珠芽，花白色或淡红色。瘦果卵形，具3棱，深褐色，有光泽。

生于海拔1200～5100米的山坡林下、高山或亚高山草甸。

山蓼属 Oxyria

16. 山蓼
Oxyria digyna

多年生草本。茎直立，高15～20厘米，具细纵沟。基生叶，叶片肾形或圆肾形，基部宽心形，边缘近全缘，托叶鞘短筒状，膜质。花序圆锥状，无毛，苞片膜质，每苞内具花2～5；花梗细中下部具关节；花被片4，成2轮，果时内轮2片增大。瘦果卵形，双凸镜状，翅膜质，边缘具小齿。

生于海拔1700～4900米的山坡及山谷砾石滩。

酸模属 Rumex

17. 巴天酸模
Rumex patientia

多年生草本。茎上部分枝，具深沟槽。基生叶长圆形或长圆状披针形，边缘波状，茎生叶小；托叶鞘膜质，筒状。花序圆锥状，大型；花梗细弱，中下部具关节；内花被片果时增大，宽心形，全部或一部具小瘤，全缘，柱头羽毛状。瘦果卵形，具3锐棱，褐色，有光泽。

生于海拔20～4000米的沟边湿地、水边。

大黄属 Rheum

18. 穗序大黄
Rheum spiciforme

矮壮草本，无茎。叶基生；叶片卵圆形，长10～20厘米，全缘，下面紫红色；叶柄粗壮，半圆柱状，紫红色。花葶2～4枝，被乳突；穗状的总状花序，花淡绿色，花梗细，关节近基部；花被片椭圆形或长椭圆形，外轮较窄小，内轮较大。果实矩圆状宽椭圆形，翅宽2.5～3.5毫米。

生于海拔4000～5000米的高山碎石坡或河滩沙砾地。

藜科 Chenopodiaceae

轴藜属 *Axyris*

19. 平卧轴藜
Axyris prostrata

植株高2~14厘米。茎枝平卧或上升，密被星状毛。叶片宽椭圆形、卵圆形或近圆形，全缘，两面均被星状毛。雄花序头状，花被片3~（5），倒卵形；雌花花被片3，背部密被星状毛。果实圆形或倒卵圆形，侧扁；两侧具同心圆状皱纹；顶端附属物2，小，有时不显。

生于海拔4000~5000米的河谷、阶地、多石山坡或草滩。

驼绒藜属 *Krascheninnikovia*

20. 驼绒藜
Krascheninnikovia ceratoides

植株高0.1~1米，分枝多集中于下部。叶较小，条形、条状披针形、披针形或矩圆形，长1~2（5）厘米，1脉。雄花序较短，长达4厘米，紧密。雌花管椭圆形，长3~4毫米，宽约2毫米；花管裂片角状，较长，其长为管长的1/3到等长。果直立，椭圆形，被毛。

生于海拔3200~5050米的戈壁、荒漠、半荒漠、干旱山坡或草原中。

虫实属 Corispermum

21. 藏虫实
Corispermum tibeticum

植株高3～20厘米，分枝集中于基部，上升或平卧。叶条形，1脉。穗状花序圆柱状，苞片由叶状过渡到狭卵形，1脉，具狭膜质边缘；花被片1，近圆形。果实广椭圆形或矩圆状椭圆形，长3～4毫米，无毛；果翅较宽，缘具细齿。

生于海拔4250～4500米的河漫滩或河边沙地。

刺藜属 Dysphania

22. 刺藜
Dysphania aristata

一年生草本，高10～40厘米，无粉。茎直立，具色条。叶条形至狭披针形，长达7厘米，全缘，先端渐尖。复二歧式聚伞花序生于枝端及叶腋，最末端的分枝针刺状；花两性，花被裂片5。胞果顶基扁，圆形；果皮透明，与种子贴生。种子横生，顶基扁。

生于海拔3960米的农田杂草，多生于田间、山坡、荒地等处。

刺藜属 Dysphania

23. 菊叶香藜
Dysphania schraderiana

一年生草本，有强烈气味，全株具有节的疏生短柔毛。茎直立，具绿色色条。叶矩圆形，边缘羽状浅裂至深裂，上面无毛，下面有具节的短柔毛并有黄色无柄的颗粒状腺体。复二歧聚伞花序腋生，花两性，花被片背面具刺状凸起的纵隆脊并有短柔毛和腺体。胞果扁球形，果皮膜质。

生于海拔2700～4500米的林缘草地、沟岸、河沿、人家附近，有时也为农田杂草。

藜属 Chenopodium

24. 灰绿藜
Chenopodium glaucum

一年生草本。茎平卧或外倾，具条棱及绿色或紫色色条。叶片矩圆状卵形至披针形，肥厚，边缘具缺刻状牙齿，上面无粉，下面有粉呈白色。花两性兼有雌性，花被片3～4，无粉。胞果顶端露出花被外；果皮膜质，黄白色。种子扁球形。

生于海拔3500～4500米的农田、菜园、村房、水边等有轻度盐碱的土壤上。

藜属 Chenopodium

25. 平卧藜
Chenopodium karoi

一年生草本。茎平卧或斜升，多分枝，具绿色色条。叶卵形至宽卵形，常3浅裂，上面无粉或稍有粉，下面苍白色，有密粉。花数个簇生，排成腋生圆锥花序；花被片5，较少为4，卵形，背面微具纵隆脊，边缘膜质带黄色。果皮膜质，黄褐色，种子横生，黑色，表面具蜂窝状细洼。

生于海拔1500～4000米的山地，多见于畜圈、荒地、村旁、菜园等处。

碱蓬属 Suaeda

26. 角果碱蓬
Suaeda corniculata

一年生草本，高15～60厘米，无毛。茎圆柱形，具微条棱。叶条形，半圆柱状，长1～2厘米，无柄。团伞花序通常含花3～6；花被5，深裂，裂片果时背面向外延伸增厚呈不等大的角状突出；柱头2。胞果扁，圆形。种子双凸镜形。

生于海拔4300～5500米的盐碱土荒漠、湖边、河滩等处。

盐生草属 *Halogeton*

27. 盐生草
Halogeton glomeratus

一年生草本，高5～30厘米。茎直立，多分枝。叶互生，叶片圆柱形，长4～12毫米，顶端有长刺毛。花腋生，通常4～6朵聚集成团伞花序；花被片披针形，膜质，背面有1条粗脉，果时自背面近顶部生翅；翅半圆形，膜质；雄蕊通常为2。种子直立，圆形。

生于海拔4200米的山脚、戈壁滩。

猪毛菜属 *Salsola*

28. 单翅猪毛菜
Salsola monoptera

一年生草本，高10～30厘米。茎自基部分枝，密生短硬毛。叶片丝状半圆柱形，长1～1.5厘米，有短硬毛，顶端有刺状尖。花序穗状；花被片长卵形，膜质，果时变硬、革质，仅1个花被片的背面生翅。种子横生。

生于海拔4000～4800米的河滩、山麓沙砾地。

猪毛菜属 Salsola

29. 尼泊尔猪毛菜
Salsola nepalensis

一年生草本，高20～40厘米；茎自基部分枝，密生长硬毛。茎及枝具条棱。叶片圆柱状，长1.5～4厘米，顶端具刺状尖，具硬毛。花序穗状，花单生于苞腋；苞片边缘生缘毛；花被片果时呈革质，背面生翅。种子横生。

生于海拔3500～4000米的山谷及干山坡、砂质或沙砾质土壤。

石竹科 Caryophyllaceae

繁缕属 Stellaria

30. 密花繁缕
Stellaria congestiflora

多年生草本，高3～20厘米。茎密丛生，上部密被白色茸毛。叶片线状披针形，长7～13毫米，具短芒尖。聚伞花序顶生，花梗极短，被白色茸毛；萼片5，披针形，具3脉；花瓣5，白色，远短于萼片，2裂几达基部；花柱3，心皮6。

生于海拔3800～4100米的灌丛下沙砾地或石缝中。

繁缕属 Stellaria

31. 毛禾叶繁缕
Stellaria graminea var. *pilosula*

多年生草本。茎细弱，密丛生，被两行毛，具4棱。叶无柄，叶片线形，边缘基部有疏缘毛，下部叶腋生不育枝。聚伞花序顶生或腋生；苞片披针形，边缘膜质，花梗细，萼片5，边缘膜质，花瓣5，白色，2深裂，花柱3。蒴果卵状长圆形，长于宿存萼片；种子近扁圆形，深栗褐色，具粒状钝凸起。

生于海拔3000～3500米的山地草地、斜坡。

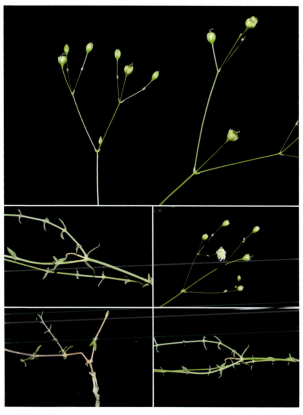

囊种草属 Thylacospermum

32. 囊种草
Thylacospermum caespitosum

多年生垫状草本，常呈球形，全株无毛。茎基部强烈分枝，木质化。叶排列紧密，呈覆瓦状；叶片卵状披针形，长2～4毫米。花单生茎顶，几无梗；萼片披针形，具3条绿色脉；花瓣5，卵状长圆形；花盘圆形，黄色；雄蕊10；花柱3，常伸出萼外。蒴果球形，6齿裂；种子肾形。

生于海拔3600～6000米的山顶沼泽地、流石滩、岩石缝和高山垫状植被中。

无心菜属 Arenaria

33. 毛叶老牛筋
Arenaria capillaris

多年生草本。茎高12～15厘米，老枝木质化，宿存枯萎叶基。叶片细线形，长2～5厘米，边缘细锯齿状粗糙。聚伞花序，具数花至多花；苞片干膜质；花梗无毛；萼片卵形，具3脉；花瓣5，白色，倒卵形，长约7毫米；雄蕊10，基部具5个腺体；子房卵圆形，花柱3。

生于海拔850米左右的山地阳坡草丛中和山顶砾石地。

无心菜属 Arenaria

34. 藓状雪灵芝
Arenaria bryophylla

多年生垫状草本，高3～5厘米，根木质化。茎密丛生，下部密集枯叶。叶针状线形，基部膜质，抱茎，疏生缘毛。花单生，无梗，直径约0.8厘米；苞片披针形，1脉；萼片5，3脉，边缘膜质；花瓣5，白色，稍长于萼；花盘碟状，具5个圆腺体；子房卵状球形，1室，花柱3。

生于海拔4200～5200米的河滩石砾砂地、高山草甸和高山碎石带。

蝇子草属 *Silene*

35. 喜马拉雅蝇子草
Silene himalayensis

多年生草本，高20～80厘米。茎直立，被短柔毛。基生叶叶片狭倒披针形，长4～10厘米，边缘具缘毛。总状花序，常具花3～7；花梗被柔毛和腺毛；花萼密被柔毛和腺毛；花瓣暗红色，瓣片浅2裂。蒴果卵形，10齿裂；种子圆形，压扁。

生于海拔2000～5000米的灌丛或高山草甸。

蝇子草属 *Silene*

36. 冈底斯山蝇子草
Silene moorcroftiana

多年生草本，高15～25厘米，全株被短腺毛。茎丛生，不分枝。叶片线形、披针形或匙状披针形，长15～25毫米，两面被腺毛。花单生或2～3朵；花萼长筒状棒形，纵脉10，紫色，密被腺毛；花瓣淡红色或白色，瓣片深2裂。蒴果卵形；种子肾形。

生于海拔3600～4950米的多砾石草地或岩壁缝隙中。

蝇子草属 *Silene*

37. 尼泊尔蝇子草
Silene nepalensis

多年生草本,高10~50厘米。茎丛生,直立,不分枝,密被短柔毛。基生叶线状披针形,基部多少合生,两面和边缘无毛或近无毛,上部茎叶近无柄。花俯垂,花梗密被短柔毛;花萼钟形,密被短柔毛;雌雄蕊柄被短柔毛;花瓣外露,瓣片紫色,凹缺或2裂;花丝无毛;花柱5,稀4。蒴果卵状椭圆形,5瓣裂或10齿裂;种子肾形,肥厚,灰褐色。

生于海拔2700~5100米的山坡草地。

蝇子草属 *Silene*

38. 腺毛蝇子草
Silene yetii

多年生草本,全株密被腺毛和黏液。根稍木质,粗壮。茎疏丛生,稀单生,直立。基生叶倒披针形或椭圆状披针形,具长柄,两面被腺毛,上部茎叶半抱茎。总状花序,花微俯垂;苞片草质;花萼钟形,密被腺毛;花瓣外露,爪基部无毛或被疏毛,瓣片紫色或淡红色,浅2裂;花丝具毛。蒴果卵形,短于萼,5瓣裂或10齿裂;种子肾形,灰褐色,具小瘤。

生于海拔2700~5000米多砾石的草坡。

石竹属 *Dianthus*

39. 缱裂石竹
Dianthus orientalis

多年生草本。根粗壮，木质化。茎丛生，无毛。基生叶簇生，叶片线形，长1～4厘米，顶端具硬尖，边缘向背卷。花单生枝端；苞片3～4对，卵形；花萼圆筒形，有纵纹；花瓣粉红色，有长爪，瓣片边缘缱裂至近中部。蒴果圆筒形，顶端4裂；种子边缘具宽翅。

生于海拔900～2200米（新疆）和3100～4000米（西藏）的山坡草地、砾石地、干旱石质荒漠及河岸。

毛茛科 Ranunculaceae

乌头属 *Aconitum*

40. 露蕊乌头
Aconitum gymnandrum

一年生，根近圆柱形；茎高（6）25～55（100）厘米，常分枝；基生叶与最下部茎生叶通常在开花时枯萎，叶片宽卵形或三角状卵形，表面疏被短伏毛，背面沿脉疏被长柔毛或变无毛，3全裂；顶生总状花序，萼片蓝紫色，少有白色，外面疏被柔毛，有较长爪，上萼片船形，花瓣疏被缘毛，花丝疏被短毛；心皮6～15，子房有柔毛。种子倒卵球形。

生于海拔1550～3800米的山地草坡、田边草地或河边沙地。

翠雀属 Delphinium

41. 光序翠雀花
Delphinium kamaonense

茎高约35厘米，基部之上被白色柔毛。基部叶有长柄；叶片圆五角形，宽5～6.5厘米，3全裂。花序通常复总状；基部苞片叶状，其他苞片狭线形；小苞片着生于花梗上部；萼片深蓝色，外面有短伏毛，距钻形；退化雄蕊蓝色，腹面有黄色髯毛；心皮3，子房密被长柔毛。

生于海拔2800～4100米的山地草坡。

翠雀属 Delphinium

42. 囊距翠雀花
Delphinium brunonianum

茎高10～22厘米，被开展的短柔毛，常混有黄色腺毛。叶片肾形，两面疏被短柔毛。伞房花序有花2～4，密被短柔毛和黄色短腺毛；萼片宿存，蓝紫色，被绢状柔毛；距短，囊状或圆锥状；花瓣顶端2浅裂，疏被糙毛；退化雄蕊有长爪，心皮4～5；子房疏被短柔毛。

生于海拔4500～6000米的草地或多石处。

拟楼斗菜属 *Paraquilegia*

43. 乳突拟楼斗菜
Paraquilegia anemonoides

根状茎粗壮。叶多数，一回三出复叶，无毛；叶片三角形，小叶近肾形，长约7毫米。花葶1至数条，比叶高，长6~9厘米；苞片2枚；萼片浅蓝色或浅堇色；花瓣倒卵形；心皮通常5枚，无毛。蓇葖基部有宿存萼片；种子密被疣状凸起。

生于海拔2600~3400米的山地岩石缝或山区草原中。

唐松草属 *Thalictrum*

44. 腺毛唐松草
Thalictrum foetidum

茎高15~100厘米，有短柔毛或变无毛；茎分枝或不分枝。基生叶和茎下部叶在开花时枯萎。茎中部叶有短柄，有薄膜质托叶，为三回近羽状复叶；小叶草质，有白色短柔毛和极短的腺毛。圆锥花序有少数或多数花；萼片5，黄色或淡绿色，外面有柔毛；心皮4~8。瘦果无柄，半倒卵形，扁平，有短柔毛。

生于海拔900~3500米的山地草坡或高山多石砾处。

唐松草属 Thalictrum

45. 石砾唐松草
Thalictrum squamiferum

植株全部无毛，有白粉。茎渐升或直立，下部常埋在石砾中，在节处有鳞片。茎中部叶长3～9厘米，三至四回羽状分裂；叶柄有狭鞘。花单生于叶腋；萼片4，椭圆状卵形，脱落；雄蕊10～20；心皮4～6，柱头箭头状。瘦果宽椭圆形，稍扁，有8条粗纵肋。

生于海拔3600～5000米的多石砾山坡、河岸石砾沙地或林边。

铁线莲属 Clematis

46. 西藏铁线莲
Clematis tenuifolia

木质藤本。茎有纵棱。一至二回羽状复叶，小叶有柄，2～3全裂或深裂、浅裂，裂片全缘或有数个牙齿。花大，单生；萼片4，黄色、橙黄色、黄褐色、红褐色、紫褐色，内面密生柔毛；花丝被短柔毛。瘦果狭长倒卵形，宿存花柱被长柔毛。

生于海拔2210～4800米的小坡、山谷草地或灌丛中，或河滩、水沟边。

铁线莲属 Clematis

47. 甘青铁线莲
Clematis tangutica

落叶藤本。茎有明显的棱，幼时被长柔毛。一回羽状复叶，有小叶5～7；小叶片基部常浅裂、深裂或全裂。花单生，有时为单聚伞花序，腋生；花序梗有柔毛；萼片4，黄色外面带紫色，外面边缘有短茸毛，内面无毛；花丝被开展的柔毛；子房密生柔毛。瘦果倒卵形，有长柔毛。

生于海拔1370～4900米的高原草地或灌丛中。

毛茛属 Ranunculus

48. 浅裂毛茛
Ranunculus lobatus

多年生草本。茎高6～10厘米，多分枝。基生叶多数，叶片卵圆形至圆形，长8～20毫米，顶端有3～5浅齿裂。花着生茎顶；花梗生柔毛；萼片卵形，带褐色，生柔毛；花瓣5，有细密脉纹，蜜槽呈杯状袋穴。聚合果卵圆形，瘦果卵球形。

生于海拔4300～5100米的湿润草甸中。

毛茛属 Ranunculus

49. 云生毛茛
Ranunculus nephelogenes

多年生草本，根纤维状。茎10～25厘米，直立，常无毛，分枝或不分枝。基生叶4～9，叶柄无毛，叶片卵形、椭圆形、披针形或披针状线形，无毛。花单生枝顶；花托无毛或稍被毛；花萼5，外面被短柔毛；花瓣5，明显长于花萼。瘦果无毛，花柱宿存。

生于海拔3000～5000米的高山草甸、河滩湖边及沼泽草地。

水毛茛属 Batrachium

50. 水毛茛
Batrachium bungei

多年生沉水草本。茎长30厘米或更长，分枝，无毛或在节处稍被毛。叶柄长4～12（18）毫米，叶片扇形或半圆形，无毛，三回4～5裂，末回裂片丝状。花直径1.0～1.8厘米，花梗长2.2～3.5厘米，无毛；花托被微柔毛；花萼5，无毛；花瓣5，白色，基部黄色；雄蕊15～20。瘦果无毛，有横皱纹。

生于海拔3000～4700米的山谷溪流、河滩积水地、平原湖中或水塘中。

碱毛茛属 *Halerpestes*

51. 三裂碱毛茛
Halerpestes tricuspis

多年生小草本。匍匐茎纤细，横走，节处生根和簇生数叶。叶均基生；叶片菱状楔形至宽卵形，长1~2厘米，3中裂至3深裂。花葶高2~4厘米，花单生，萼片卵状长圆形；花瓣5，黄色；雄蕊约20；花托有短毛。聚合果近球形；瘦果斜倒卵形，有3~7条纵肋。

生于海拔3000~5000米的盐碱性湿草地。

罂粟科 Papaveraceae

绿绒蒿属 *Meconopsis*

52. 多刺绿绒蒿
Meconopsis horridula

多年生一次结实草本，高达30厘米，全株被硬毛。叶全基生，叶片披针形至椭圆状倒披针形，或倒披针形，两面被黄褐色或淡黄色的紧贴的刺，全缘或波状，偶有裂片或齿。花单生花葶；花瓣5~10，蓝色或淡紫色；子房被黄褐色的刺。蒴果被刺，刺基部加厚，常3~5瓣裂。

生于海拔3600~5100米的草坡。

角茴香属 Hypecoum

53. 细果角茴香
Hypecoum leptocarpum

一年生铺散草本，高4～60厘米。茎丛生，多分枝。基生叶多，狭倒披针形，二回羽状分裂；茎叶小。花茎多数，常2歧分枝，具轮生苞片，苞片二回羽状全裂。2歧聚伞花序；花瓣淡紫色，外面两枚大，全缘，里面两枚较小，3裂。蒴果狭线形，成熟时在关节处分裂，每节种子1。

生于海拔（1700）2700～5000米的山坡、草地、山谷、河滩、砾石坡、砂质地。

紫堇属 Corydalis

54. 直茎黄堇
Corydalis stricta

多年生灰绿色丛生草本，高30～60厘米。根茎具鳞片和多数叶柄残基。茎具棱，多少具白粉。基生叶长10～15厘米，叶片二回羽状全裂。总状花序密具多花；花黄色，萼片卵圆形；外花瓣无鸡冠状凸起，下花瓣具鸡冠状凸起；柱头具10乳突。蒴果长圆形。

生于海拔（2300）3450～4400米的高山多石地。

紫堇属 *Corydalis*

55. 拟锥花黄堇
Corydalis hookeri

多年生草本，高8～50厘米，稍肉质。茎少数，上升至近直立，具叶，分枝。基生叶少，具鞘，叶片卵状长圆形，二回羽状。总状花序具花10～25，下部苞片常分裂，边缘和脉上具乳突状小齿；花污黄色至橘黄色，外花瓣具鸡冠状凸起，距稍下弯；柱头方形，具4乳突。蒴果具种子2～4。

生于海拔（3700）4500～5000米的高山草原或流石滩。

十字花科 Brassicaceae

独行菜属 *Lepidium*

56. 独行菜
Lepidium apetalum

一年或二年生草本，高10～25厘米，具头状毛或棍棒状毛。茎直立，基部和上部分枝。叶长圆形、披针形或倒披针形，羽状半裂，或具齿。总状花序；果梗细弱，常弯曲；花萼早落，长圆形；花瓣缺，或退化成线形；雄蕊2。短角果宽椭圆形，顶具狭翅，微凹。

生于海拔400～2000米的山坡、山沟、路旁及村庄附近。为常见的田间杂草。

43

独行菜属 Lepidium

57. 头花独行菜
Lepidium capitatum

一年或二年生草本，高10～35厘米，被紧密的腺毛。茎平卧，很少近直立，基部和上部分枝。叶长圆形、匙形或披针形，常无毛，羽状半裂，基部渐狭。总状花序头状，果期不或稍增长；果梗细弱，开展，稍弯曲或直；花瓣白色，雄蕊4。短角果阔卵形，顶有翅，微缺。

生于海拔3000米左右的山坡。

庭荠属 Alyssum

58. 灰毛庭荠
Alyssum canescens

半灌木，基部木质化，高5～30（40）厘米，密被小星状毛，分枝毛或分叉毛。叶密生，条形或条状披针形，长7～15毫米，全缘。花序伞房状，果期极伸长；萼片有白色边缘，并有星状缘毛；花瓣白色，长3～5毫米；子房密被小星状毛。短角果卵形。

生于海拔1000～5000米的干燥石质山坡、草地、草原。

葶苈属 Draba

59. 阿尔泰葶苈
Draba altaica

多年生草本，高2～8厘米，丛生。茎直立，单一，密或疏被单毛，有时被分枝毛和星状毛。基生叶莲座状；叶片线状披针形或披针形，只被短柔毛，或主要被单毛，全缘或每边具1～3齿。总状花序具花5～15，基部花有苞片；果梗上升至开展；花萼被单毛；花瓣白色；子房具胚珠10～20。短角果不扭转，无毛。

生于海拔2000～5300米的山坡岩石边、山顶碎石上、阴坡草甸、山坡沙砾地。

葶苈属 Draba

60. 毛叶葶苈
Draba lasiophylla

多年生草本，高4～20厘米，丛生。茎直立，单一，被星状毛。基生叶莲座状，叶片披针形或椭圆状长圆形，具分枝毛，全缘或每边各具齿1～3。总状花序具花7～20，无或最下部花具苞片；果梗直立或上升，被星状毛；花萼被毛；花瓣白色；子房具12～20枚胚珠。短角果常扭转，被毛或无毛。

生于海拔4000～5000米的山坡岩石上、石隙间。

单花荠属 Pegaeophyton

61. 单花荠
Pegaeophyton scapiflorum

多年生无茎草本，根状茎细弱，少至多分枝。叶卵形、长圆形、椭圆形、倒披针形，稍肉质或不，无毛或腹面稍被毛，全缘或具齿，有时具缘毛。花萼无毛或稍被短柔毛；花瓣白色、粉色或蓝色。短角果长圆形、卵形或圆形，无毛；种子阔卵形。

生于海拔3500～5400米的高山水沟边、石下、河谷、沙滩石缝中。

南芥属 Arabis

62. 窄翅南芥
Arabis pterosperma

二年生或多年生草本，高20～45厘米，被单毛及具柄的二叉毛。茎丛生，直立。基生叶长椭圆形或匙形，边缘具浅疏齿，下部呈翅状。总状花序顶生或腋生，具花15～20朵；萼片卵形至椭圆形；花瓣白色、带淡紫色或粉红色。长角果条形，长4.5～5厘米；种子长椭圆形。

生于海拔3800～4300米的路边、山坡草地。

高原芥属 Christolea

63. 高原芥
Christolea crassifolia

多年生草本，高10～40厘米，全株被白色单毛。地下有粗而直的深根。茎生叶肉质，菱形、长圆状倒卵形，长1～3厘米，顶端具3～5个大齿。总状花序有花10～25；萼片长圆形；花瓣白色或淡紫色。长角果线形至条状披针形；种子长圆形，压扁。

生于海拔4000～4800米的砾石山坡、河滩、山坡草地。

花旗杆属 Dontostemon

64. 腺花旗杆
Dontostemon glandulosus

多年生草本，高4～20厘米，丛生。茎直立，单一，被星状毛。基生叶莲座状，叶片披针形或椭圆状长圆形，具分枝毛，全缘或每边各具齿1～3。总状花序具花7～20，无或最下部花具苞片；果梗直立或上升，被星状毛；花萼被毛；花瓣白色；子房具12～20枚胚珠。短角果常扭转，被毛或无毛。

生于海拔1900～5100米的山坡草地、高山草甸、河边沙地、山沟灌丛或石缝中。

花旗杆属 Dontostemon

65. 羽裂花旗杆
Dontostemon pinnatifidus

一年或二年生草本，高10～40厘米，具腺体。茎直立，常单一，上部分枝。基生叶和下部茎生叶被单毛和腺体；叶片披针形、椭圆形或长圆形，具牙齿，锯齿或羽状半裂，有缘毛；中上部茎叶线形全缘。总状花序；花梗被腺体；花萼无毛或稍被短柔毛；花瓣白色。长角果念珠状，有腺体。

生于海拔2700～3000米的路旁、荒地、山坡及山地向阳处。

条果芥属 Parrya

66. 裸茎条果芥
Parrya nudicaulis

多年生草本，高10～45厘米，全株被腺毛或无毛。基生叶莲座状，叶柄增厚，叶片披针形、线形或匙形，具齿至齿状波形；无茎生叶。花萼无毛或被腺体；花瓣粉色，中央带黄色，少白色或紫色。长角果线形至线状披针形，具腺毛；种子近圆形，扁平，具宽翅。

生于海拔4280米牧场的河边砾石地。

大蒜芥属 *Sisymbrium*

67. 无毛大蒜芥
Sisymbrium brassiciforme

二年生草本，高45~80厘米，无毛。茎直立，上部分枝，基部常呈紫红色。茎生叶大头羽状裂。总状花序顶生；萼片条状长圆形；花瓣黄色，倒卵形。长角果线形，长7.5~10厘米。种子小，淡褐色；子叶背倚胚根。

生于海拔900~4500米的路边或砾石堆中。

芹叶荠属 *Smelowskia*

68. 藏芹叶荠
Smelowskia tibetica

多年生草本，全株有单毛及分叉毛；茎铺散，基部多分枝。叶线状长圆形，长6~25厘米，羽状全裂。总状花序下部花有1羽状分裂的叶状苞片；萼片长圆状椭圆形；花瓣白色，基部具爪。短角果长圆形，压扁；种子多数，卵形。

生于海拔4200~5100米的高山山坡、草地及河滩。

景天科 Crassulaceae

瓦莲属 Rosularia

69. 长叶瓦莲
Rosularia alpestris

多年生草本。花茎自莲座叶腋发出，高5~12厘米。叶肉质，先端边缘上有缘毛；基生叶莲座状，长圆状披针形，长1.5~2.5厘米。花序伞房状；萼片6~8，披针形，有3脉；花瓣6~8，基部合生，白色或浅红色，龙骨状凸起为紫色或红色。

生于海拔1500~3000米的山坡石缝中、灌丛中。

红景天属 Rhodiola

70. 四裂红景天
Rhodiola quadrifida

多年生草本。根颈分枝，黑褐色，先端被鳞片；老的枝茎宿存。花茎细，直立。叶互生，无柄，线形，长5~8（12）毫米，全缘。伞房花序花少数；萼片4，线状披针形；花瓣4，紫红色；雄蕊8；鳞片4。蓇葖4，披针形；种子长圆形，有翅。

生于海拔2900~5100米的沟边、山坡石缝中。

红景天属 *Rhodiola*

71. 柴胡红景天
Rhodiola bupleuroides

主轴直立，倒圆锥形；主轴叶鳞片状，黑褐色。花茎1或2，高5～60厘米。茎叶互生，窄至宽椭圆形或卵形、倒卵形、近圆形，基部心形至渐狭，全缘或稍有锯齿。花序顶生，伞房状，花7～100，苞片叶状；花单性；花萼淡紫红色；花瓣深紫红色；雄蕊10。心皮直立，比花瓣长3～5倍。

生于海拔2400～5700米的山坡石缝中、灌丛中或草地上。

红景天属 *Rhodiola*

72. 大花红景天
Rhodiola crenulata

多年生草本。地上的根颈短，残存花枝黑色。不育枝直立，先端密着叶，叶宽倒卵形。花茎多，高5～20厘米。叶椭圆状长圆形至几为圆形，长1.2～3厘米，全缘或波状或有圆齿。花序伞房状，雌雄异株；雄花萼片5，花瓣5，红色，倒披针形；雄蕊10；鳞片5；心皮5。种子倒卵形，两端有翅。

生于海拔2800～5600米的山坡草地、灌丛中、石缝中。

红景天属 Rhodiola

73. 长鞭红景天
Rhodiola fastigiata

主轴单一或分枝,长达50厘米,残留老茎少或缺,主轴叶鳞片状。花茎4~10,高8~20厘米,密被叶。茎叶互生,线状长圆形或线状披针形,全缘或被细乳突,顶钝。伞房状花序,紧密;花单性;花萼线形至窄三角形;花瓣红色;雄蕊10;心皮直立,披针形;花柱长。

生于海拔2500~5400米山坡的石上。

红景天属 Rhodiola

74. 异鳞红景天
Rhodiola smithii

主轴单一,直立。主轴外层叶鳞片状,三角状近圆形,内层叶状,线形至长圆形,顶长尾状。花茎单一,直立,细弱,易碎。茎叶互生,狭卵形至卵状线形,全缘。花序伞房状,花两性,不等5基数;花萼披针形;花瓣粉色或紫色;雄蕊10;心皮基部合生。蓇葖果直立,种子少。

生于海拔4000~5000米的河滩沙砾地、砂质草地及石缝中。

红景天属 Rhodiola

75. 西藏红景天
Rhodiola tibetica

主轴短或长，残留老茎少。花茎高达30厘米，基部被微乳头状凸起。茎叶线形至窄卵形，全缘或具齿，顶端长芒状渐尖。花序伞房状，紧密，多花；花单性，不等5基数；花萼近长圆形；花瓣紫色至红色；雄蕊10；心皮直立，披针形，顶端多少弯曲。

生于海拔4050～5400米的山沟碎石坡或山沟边。

虎耳草科 Saxifragaceae

虎耳草属 Saxifraga

76. 山地虎耳草
Saxifraga sinomontana

多年生草本，丛生，高4.5～35厘米。茎稍被褐色卷曲柔毛。基生叶具柄，边缘具褐色卷曲长柔毛；叶片椭圆形、长圆形至线状长圆形，无毛；上部茎叶无柄。聚伞花序；花2～8，少单花；花梗被褐色卷曲柔毛；花萼有时被毛；花瓣黄色，基部有痂体2。

生于海拔2700～5300米的灌丛、高山草甸、高山沼泽化草甸和高山碎石隙。

梅花草属 Parnassia

77. 三脉梅花草
Parnassia trinervis

多年生草本。茎2～4，高7～20厘米，基部处有1叶。基生叶7～9，叶柄具褐色条纹；叶片长圆形、长圆状披针形或卵状长圆形，基部近心形、截形，渐狭；茎叶无柄，半抱茎。花直径1厘米；萼筒陀螺形；花萼披针形，3脉；花瓣白色，3脉，全缘，退化雄蕊扁平，顶端3裂；子房半下位，柱头3裂。

生于海拔3100～4500米的山谷潮湿地、沼泽草甸或河滩上。

蔷薇科 Rosaceae

委陵菜属 Potentilla

78. 小叶金露梅
Potentilla parvifolia

灌木，高0.3～1.5米，分枝多，树皮纵向剥落。叶为羽状复叶；小叶2对，披针形，长0.7～1厘米，边缘反卷，被绢毛。顶生单花或数朵，花梗被柔毛；萼片卵形；副萼片披针形，外面被柔毛；花瓣黄色。瘦果表面被毛。

生于海拔900～5000米的林缘、山坡灌丛、石缝、草原上。

委陵菜属 Potentilla

79. 蕨麻
Potentilla anserina

多年生草本，具匍匐茎。茎平卧，匍匐，被柔毛或无毛，在节处生根并长出新植株。基生叶长2～20厘米，羽状复叶，具5～11对小叶，背面密被伏贴的银色绢毛，边缘具尖锐锯齿。花单生；副萼椭圆形，常2～3裂；花瓣黄色，长于萼片。

生于海拔500～4100米的河岸、路边、山坡草地及草甸。

委陵菜属 Potentilla

80. 矮生二裂委陵菜
Potentilla bifurca var. *humilior*

多年生草本，高5～20厘米，具部分地下茎。地面茎上升或平卧，多少被硬毛。叶长3～8厘米，羽状复叶，具3～8对小叶；小叶对生，上部2或3对小叶下延与叶轴合生，顶端全缘，2或3裂。常单花，花萼卵形，副萼椭圆形，花瓣黄色。瘦果光滑。

生于海拔1100～4000米的山坡草地、河滩沙地及干旱草原。

委陵菜属 Potentilla

81. 多裂委陵菜
Potentilla multifida

多年生草本。根圆柱形，稍木质。花茎上升，少直立，高12~40厘米，被开展或伏贴的短柔毛或绢毛。基生叶长2.5~17厘米，羽状复叶，具3~5对小叶；小叶对生，稀互生，长圆状椭圆形或阔卵形，背面具白色茸毛，脉上有绢毛，上面被短柔毛，边缘反卷；茎叶为具5对小叶的羽状。伞房状聚伞花序；花萼三角状卵形，副萼披针形；花瓣黄色。瘦果光滑或有皱纹。

生于海拔1200~4300米的山坡草地、沟谷及林缘。

委陵菜属 Potentilla

82. 钉柱委陵菜
Potentilla saundersiana

多年生草本。花茎直立或上升，10~20厘米，被白色茸毛和柔毛。基生叶长2~5厘米，掌状分裂；小叶3~5，长圆状倒卵形，上面绿色，疏被伏柔毛，背面密被白色茸毛，边缘有锯齿；茎叶1或2。聚伞花序顶生，疏散，多花；副萼裂片短于花萼，顶端急尖；花瓣黄色。瘦果光滑。

生于海拔2600~5150米的山坡草地、多石山顶、高山灌丛及草甸。

地薔薇属 *Chamaerhodos*

83. 砂生地薔薇
Chamaerhodos sabulosa

多年生草本。茎多数，丛生，平展或上升，高6～10厘米，被腺毛和柔毛。基生叶紧密莲座状，果期不枯萎，托叶全缘，叶柄长1.5～2.5厘米，叶片三回3深裂，被腺毛和柔毛，茎叶少或缺，与基生叶相似。圆锥状伞房花序顶生，花序紧缩，后开展；多花；萼筒钟形；花瓣白色或粉色；心皮6～8。瘦果褐色，有光泽。

生于海拔3080～5050米的河边沙地或砾地。

豆科 Fabaceae

野决明属 *Thermopsis*

84. 披针叶野决明
Thermopsis lanceolata

多年生草本，高10～40厘米，直立或斜升，基部多分枝，被乳白色短柔毛。托叶叶状，披针形；小叶长椭圆状倒披针形、倒披针形，上面无毛，下面被短伏柔毛。总状花序；2～6个轮生，每轮2～3朵花；花萼管状，被短柔毛；花冠黄色；子房密被乳白色长柔毛。荚果扁，条形，被平伏短柔毛。

生于海拔4500～5001米的高山岩壁、坡地、河滩和湖岸砾质草地。

57

膨果豆属 Phyllolobium

85. 毛柱蔓黄耆
Phyllolobium heydei

多年生草本，高5～6厘米。根长，木质。茎基部分枝，无毛。托叶卵圆形，无毛，连合；小叶13～19枚，椭圆形或矩圆形，上面无毛或疏被毛，下面被白色短柔毛。总状花序具花2～4；花萼密被白色和黑色长柔毛；花冠紫红色，翼瓣稍长于龙骨瓣；子房疏被毛；花柱上部和柱头被髯毛。荚果膜质，膨胀，矩圆形。

生于海拔4572～5300米的高山地带沙砾地。

膨果豆属 Phyllolobium

86. 蒺藜叶膨果豆
Phyllolobium tribulifolium

多年生草本。茎基部分枝，平卧，疏被白色短柔毛；羽状复叶，小叶13～21枚，矩圆形、椭圆形，下面密被长柔毛。总状花序腋生；花萼密被黑色和白色长柔毛；花冠蓝紫色或紫红色；子房密被白色短柔毛；柱头具画笔状髯毛。荚果近圆形或长圆形，1室，疏被白色短柔毛；种子棕色，圆肾形，平滑。

生于海拔3800～4800米的山坡或山谷。

黄耆属 Astragalus

87. 刺叶柄黄耆
Astragalus oplites

小灌木，高20～30厘米。茎宿存坚硬针刺状叶轴。偶数羽状复叶，具8～12对小叶；托叶基部与叶柄贴生；小叶卵圆形。总状花序，花2～5；花萼管状，散生白色长柔毛；花冠金黄色；子房密被白色长柔毛。荚果长圆形，膨胀，假2室；种子肾形，有黑色花斑。

生于海拔3700～4400米的高山崖旁和山坡灌丛中。

黄耆属 Astragalus

88. 丛生黄耆
Astragalus confertus

多年生草本。根木质，茎丛生，高5～15厘米。奇数羽状复叶；小叶11～19枚，卵形或长圆状卵形，两面被白色伏贴柔毛托叶膜质，基部多少合生。总状花序具花6～8，呈头状；花萼钟状，生白色和黑色柔毛；花冠青紫色；子房线形，被伏贴的短柔毛。荚果稍弯曲，1室。

生于海拔4000～5300米的高山草地、河边石砾。

黄耆属 *Astragalus*

89. 密花黄耆
Astragalus densiflorus

多年生草本，高7～30厘米，多少被白色伏贴的柔毛。茎直立，基部分枝，有条纹。羽状复叶长2.5～6厘米，具小叶9～15，托叶分离；小叶卵状长圆形至长圆形，上面无毛，下面被白色伏贴柔毛。总状花序多花，密集，穗状；花萼多少被黑色开展毛；花冠青紫色；子房卵球形，被白色和黑色伏贴柔毛。荚果近球形，具横皱纹。

生于海拔2600～5000米的山坡及河边沙砾地。

棘豆属 *Oxytropis*

90. 镰荚棘豆
Oxytropis falcata

多年生草本，具腺体，高达35厘米。奇数羽状复叶；小叶25～45，对生或互生，线状披针形，长0.5～1.5（2）厘米，被长柔毛和腺点。头形总状花序；花萼筒状，密被长柔毛，密生腺点；花冠蓝紫或紫红色；子房披针形，被伏贴白色短柔毛。荚果镰刀状弯曲。

生于海拔2700～5200米的河畔草甸、山坡、草原、高山草甸、沙质和石质地区、谷底、荒漠草原。

棘豆属 *Oxytropis*

91. 胀果棘豆
Oxytropis stracheyana

多年生矮小草本，密被毛。茎短缩；奇数羽状复叶；小叶3~9，长圆形，两面密被柔毛；托叶与叶柄贴生。伞形总状花序；花序梗密被柔毛；花萼筒状；花冠粉红色、淡蓝色。荚果卵圆形，膜质，膨胀，密被白色绢状长柔毛。

生于海拔2900~5200米的山坡草地、石灰岩山坡、岩缝中、河滩砾石草地、灌丛下。

棘豆属 *Oxytropis*

92. 小叶棘豆
Oxytropis microphylla

多年生草本，高5~15厘米。近无茎，被白色长柔毛。托叶窄三角形，膜质，被毛和腺体。叶长4~6厘米；小叶轮生，13~27轮，披针状卵形至狭椭圆形。总状花序紧密至疏散，花3~6；花梗圆筒形，被长柔毛和腺体；花冠蓝紫色、黄色或白色，具喙。荚果无柄，镰状长圆形，密被腺体。

生于海拔4000~5000米的沟边沙地上、山坡草地、砾石地、河滩和田边。

棘豆属 *Oxytropis*

93. 冰川棘豆
Oxytropis proboscidea

多年生草本,高3～17厘米,密被灰色柔毛。托叶膜质,卵形,彼此合生;羽状复叶长2～12厘米,小叶9～19,长圆形或长圆状披针形,密被开展绢状长柔毛。总状花序紧密,花6～10;总花梗密被白色和黑色卷曲长柔毛;苞片线形,被白色和黑色疏柔毛;花萼长4～6毫米,密被黑色或白色杂生黑色长柔毛,萼齿披针形;花冠紫红色、蓝紫色,偶有白色。荚果膜质,具短柄,卵状球形或长圆状球形,膨胀,密被开展白色长柔毛和黑色短柔毛。

生于海拔4500～5300(5400)米的山坡草地、砾石山坡、河滩砾石地、砂质地。

棘豆属 *Oxytropis*

94. 细小棘豆
Oxytropis pusilla

多年生草本。茎缩短,疏丛生。羽状复叶长2～7厘米;托叶与叶柄贴生,彼此分离;小叶7(9)～13,披针形或线状披针形。花2～5组成伞形总状花序;总花梗与叶近等长;花萼密被黑色和白色长柔毛;花冠紫红色,喙长约0.3毫米。荚果长圆状圆柱形,疏被伏贴黑色短柔毛;果柄短。

生于海拔3800～5100米的河滩或湖边草甸、溪边及高山草地。

雀儿豆属 Chesneya

95. 长梗雀儿豆
Chesneya crassipes

多年生丛生草本。茎短缩，羽状复叶，有小叶11～13片；托叶与叶柄基部贴生；小叶倒卵状长圆形，长5～7毫米，先端凹或截平，被白色短柔毛。花单生；花梗被短柔毛；花萼管状，被短柔毛，萼齿先端具红褐色腺体；花冠紫色，瓣片被短柔毛。荚果线形，密被柔毛。

生于海拔3700～4100的砾石阶地。

雀儿豆属 Chesneya

96. 云雾雀儿豆
Chesneya nubigena

垫状草本。茎极短缩，上具宿存叶柄和托叶。羽状复叶，有小叶5～21片；小叶长圆形，长5～10毫米，两面被长柔毛。花单生；花梗长1～4厘米，被长柔毛；花萼管状，基部一侧膨大呈囊状；花冠黄色，瓣片被短柔毛；子房密被白色长柔毛。荚果长椭圆形。

生于海拔3600～5300米的山坡。

岩黄耆属 Hedysarum

97. 藏豆
Hedysarum tibeticum

多年生草本，高4～5厘米。茎短缩，不明显。托叶卵形，膜质。叶长4～7厘米，具小叶11～15，小叶长卵形至椭圆形，背面有伏贴短柔毛，上面无毛。总状花序伞房状，花3～6；苞片卵形；花萼斜钟形，被柔毛；花冠淡红色；子房无毛，胚珠2～5。荚果长倒卵形，稍膨胀，具刺状凸起。

生于海拔4000～4600米的高寒草原的沙质河滩、阶地、洪积扇冲沟和其他低凹湿润处。

锦鸡儿属 Caragana

98. 变色锦鸡儿
Caragana versicolor

矮灌木，高20～80厘米。树皮常有条棱。叶假掌状或簇生，有小叶4片；托叶先端具刺尖，长枝者宿存，短枝者脱落；小叶狭披针形、倒卵状楔形或线形。花梗关节在基部；花萼长管状；花冠黄色。荚果长2～2.5厘米，先端尖。

生于海拔4500～4800米的砾石山坡、石砾河滩、灌丛。

鹰嘴豆属 Cicer

99. 小叶鹰嘴豆
Cicer microphyllum

一年生草本。茎直立,被白色腺毛。托叶5~7裂,被白色腺毛;叶轴顶端具螺旋状卷须;叶具小叶6~15对,边缘具锯齿,两面被白色腺毛。花单生于叶腋,花梗被腺毛;萼深5裂,密被白色腺毛;花冠蓝紫色或淡蓝色。荚果椭圆形,密被白色短柔毛;种子椭圆形。

生于海拔1600~4600米的阳坡草地、河滩沙砾地或山坡沙砾地。

草木樨属 Melilotus

100. 印度草木樨
Melilotus indicus

一年生草本,高20~50厘米。茎直立,自基部分枝,初被细柔毛。羽状三出复叶;小叶倒卵状楔形或窄长圆形,近等大,长1~3厘米,边缘2/3以上具细锯齿。总状花序具花15~25;花序梗被柔毛;花萼杯状,具5条脉;花冠黄色。荚果球形,具网状脉纹,有1粒种子。

生于海拔3050~3700米的旷地、路旁及盐碱性土壤。

草木樨属 Melilotus

101. 草木樨
Melilotus officinalis

二年生草本，疏被微柔毛至无毛。茎直立，高40~100厘米，有纵脊。托叶线状镰形，全缘或基部具1齿；小叶倒卵形、阔卵形，边缘具浅锯齿。总状花序，具花30~70，开始密集，花期开展；花冠黄色；子房狭卵形，具4~8胚珠。荚果卵形，具横向网纹，深褐色。

生于海拔2650~3700米的山坡、河岸、路旁、砂质草地及林缘。

苜蓿属 Medicago

102. 毛荚苜蓿
Medicago edgeworthii

多年生草本，高30~40厘米。茎直立或上升，基部分枝，圆柱形，密被毛。托叶卵状披针形，全缘；小叶3，倒卵形至长倒卵形，两面被散生短柔毛，中上部具锯齿。花2或3生于叶腋，头状；花冠黄色；子房长圆形，密被茸毛。荚果长圆形，扁平，密被伏贴短柔毛。

生于海拔2500~4700米的高山草地、路边。

牻牛儿苗科 Geraniaceae

老鹳草属 *Geranium*

103. 丘陵老鹳草
Geranium collinum

多年生草本，高25～35厘米。茎丛生，被倒向短柔毛。叶基生和茎上对生；基生叶和茎下部叶具长柄；叶片五角形或近圆形，掌状5～7深裂。花序长于叶，总花梗密被短柔毛和腺毛，每梗具花2；萼片先端具尖头；花冠淡紫红色，具深紫色脉纹，基部被簇生状毛。

生于海拔2200～3500米的山地森林草甸和亚高山或高山。

牻牛儿苗属 *Erodium*

104. 牻牛儿苗
Erodium stephanianum

多年生草本，高20～50厘米。茎多数，上升至横卧。托叶三角状披针形；叶对生，叶片长4～7厘米，卵形至三角状卵形，羽裂，两面疏被伏贴柔毛。假伞形花序长于叶，具花2～5；花序梗被开展和倒向短柔毛；花萼被长硬毛，先端具芒；花瓣紫色、淡紫色或白色。蒴果密被短糙毛，喙螺旋状。

生于海拔400～4000米的干山坡、农田边、沙质河滩地和草原凹地等。

熏倒牛属 *Biebersteinia*

105. 高山熏倒牛
Biebersteinia odora

多年生草本，高6～25厘米，全株被黄色腺毛和糙毛。根强烈木质化。基生叶狭矩圆形，长8～10厘米；托叶与叶柄合生；叶片羽状全裂，被腺毛。总状花序；总花梗密被腺毛；萼片长卵形，具长腺毛；花瓣黄色，长为萼片的1.5倍；花丝被柔毛；子房被柔毛。

生于海拔2600～5100米的高山碎石风化物、冰碛堆积物和潮湿的沙砾山坡。

大戟科 Euphorbiaceae

大戟属 *Euphorbia*

106. 西藏大戟
Euphorbia tibetica

多年生草本。根线状，茎基部极多分枝，形成团丛状。叶互生，狭卵圆形或椭圆形，长8～15毫米；总苞叶2枚，边缘具不规则齿。花序单生；总苞陀螺状，边缘5裂；腺体5；雌花1枚，伸出总苞外；子房光滑无毛；花柱极短，3枚。蒴果短柱状，种子卵球状。

生于海拔2500～5000米的高海拔沙漠、沙滩、沙地及干旱和半干旱的生境。

大戟属 *Euphorbia*

107. 高山大戟
Euphorbia stracheyi

多年生草本，平卧、上升或直立，高5～30厘米，常深紫色。根茎细长，长10～20厘米，末端具块根。茎单一或呈簇，多分枝，幼时红色或淡红色，无毛或被微柔毛，不育枝存在。叶互生，无托叶，无叶柄；叶片倒卵形，无毛，全缘。假伞形花序顶生，总苞叶5～8，伞幅5～8。苞叶常3，杯状聚伞花序无柄，总苞杯状，腺体4，雄花多，不伸出，子房光滑，花柱分离。蒴果卵球形，光滑无毛；种子圆柱状，灰褐色或淡灰色。

生于海拔1000～4900米的高山草甸、灌丛、林缘或杂木林下。

水马齿科 Callitrichaceae

水马齿属 *Callitriche*

108. 沼生水马齿
Callitriche palustris

沉水植物，具漂浮莲座叶丛。茎叶线形；浮水叶倒卵形或倒卵状匙形，互生，顶端微凹，1脉。花单性，同株，单生叶腋，为2个小苞片所托；苞片半透明，带白色，早落；雄花具1雄蕊；子房倒卵形；花柱2，脱落。果无柄，黑色，具翅或无。

生于海拔700～3800米的静水中或沼泽地水中。

鼠李科 Rhamnaceae

鼠李属 *Rhamnus*

109. 平卧鼠李
Rhamnus prostrata

矮小平卧灌木，高1~2米。枝互生，花枝常扭曲，枝端具针刺。叶纸质，互生，椭圆形，长7~22毫米。花单性，雌雄异株，3~4个簇生于短枝顶端；花萼杯状；花瓣极小；花柱3~4浅裂。核果倒卵状球形，紫红色，成熟时变黑色。

生于海拔2800~3900米的亚高山或高山冲积扇多石山坡。

柽柳科 Tamaricaceae

水柏枝属 *Myricaria*

110. 秀丽水柏枝
Myricaria elegans

小乔木或灌木状；高达5米；叶长0.5~1.5厘米，长椭圆形、长圆状披针形或卵状披针形，具窄膜质边；总状花序常侧生；苞片具宽膜质边；萼片5；花瓣5，白、粉红或紫红色；柱头头状，3裂。蒴果窄圆锥形，种子长约1毫米，芒柱全被白色长柔毛。

生于海拔3000~4300米的河岸或湖畔的沙地。

水柏枝属 Myricaria

111. 匍匐水柏枝
Myricaria prostrata

匍匐矮灌木，高5～14厘米。枝上常生不定根。叶长圆形、狭椭圆形，长2～5毫米，有狭膜质边。总状花序圆球形，侧生于去年生枝上；花梗极短，基部被鳞片；萼片卵状披针形；花瓣倒卵形，淡紫色至粉红色。蒴果圆锥形；种子长圆形，顶端具芒柱。

生于海拔4000～5200米的高山河谷沙砾地、湖边沙地、砾石质山坡及雪水融化后所形成的水沟边。

堇菜科 Violaceae

堇菜属 Viola

112. 西藏堇菜
Viola kunawarensis

多年生矮小草本，无茎，高2.5～6厘米。根茎短，粗壮，节密，根长，圆锥形，单一。叶基生，莲座状；叶片卵形或椭圆形，厚纸质，两面无毛，全缘或具圆齿，顶端钝。花深蓝紫色，小；花梗直立，中部以上具小苞片2；花萼基部附属物极短；花瓣长圆状倒卵形，距囊状，很短；子房卵球形，光滑，无毛。

生于海拔2900～4500米的高山及亚高山草甸，或亚高山灌丛中。多见于岩石缝隙或碎石堆边的阴湿处。

胡颓子科 Elaeagnaceae

沙棘属 *Hippophae*

113. 西藏沙棘

Hippophae tibetana

小灌木，高10～60厘米。老茎深灰色，粗，具规则相隔的叶痕；叶茎细弱，不分枝，刺生顶端。叶大多3叶轮生；叶片背面带白色，具散生的近全缘的红褐色鳞片，上面灰色，线状长圆形，密被鳞片，中脉红褐色，边缘平。雌雄异株，果实黄绿色，球形至椭圆形或圆柱形，内果皮与种子难分离；种子稍扁。

生于海拔3300～5200米高原的草地河漫滩及岸边。

柳叶菜科 Onagraceae

柳叶菜属 *Epilobium*

114. 鳞片柳叶菜

Epilobium sikkimense

多年生草本。茎棱线2，其上有曲柔毛。叶对生，花序上的互生，椭圆形，边缘有细锯齿。花序常下垂；花蕾被曲柔毛与腺毛；子房毛被同花蕾；花管喉部有一环长毛；萼片长圆状披针形；花瓣粉红色至玫瑰紫色，先端凹缺；柱头头状。蒴果被曲柔毛与腺毛。

生于海拔（2400）3200～4700米的高山区草地溪谷、砾石地、冰川外缘砾石地湿处。

车前科 Plantaginaceae

杉叶藻属 *Hippuris*

115. 杉叶藻

Hippuris vulgaris

多年生挺水草本。茎高20~60厘米，圆柱形，不分枝。叶线形，展开，全缘，质软，1脉，4~12枚轮生。花小，单生叶腋；花被退化；花柱及柱头比雄蕊稍长，宿存；雄蕊1，花药广卵形。瘦果长圆形，淡紫色，顶端近截形。

生于海拔40~5000米的池沼、湖泊、溪流、江河两岸等浅水处，稻田内等水湿处也有生长。

伞形科 Apiaceae

棱子芹属 *Pleurospermum*

116. 垫状棱子芹

Pleurospermum hedinii

莲座状草本，高4~8厘米。茎甚短，肉质。基部叶柄长3~5厘米，扁平，具翅，鞘狭窄，叶片长圆形，二回羽状，羽片5~7对，末回裂片倒卵形，顶端具小齿。复伞形花序密集呈头状，顶生；苞片多数，叶状，伞辐40~50，肉质；小苞片8~12，顶端3裂；萼齿三角形；花瓣白色至淡紫红色。果阔卵形，果棱具宽波状翅。

生于海拔约5000米的山坡。

柴胡属 Bupleurum

117. 匍枝柴胡
Bupleurum dalhousieanum

多年生小草本，略匍伏。茎自基部分枝。基生叶线形，长3～5厘米，5～7脉；茎叶披针形至狭卵形，顶端渐尖，基部抱茎。复伞形花序顶生；总苞片1～3，卵圆形；伞辐2～4；小总苞片6～10，广卵形；花瓣紫色。果实长圆形，果棱狭翼状；棱槽中油管3，合生面4。

生于海拔3800～4150米的山顶岩石坡上。

葛缕子属 Carum

118. 葛缕子
Carum carvi

多年生草本，高15～70厘米。茎单一，稀2～8，基部无残存叶鞘。基生叶和下部叶长圆状披针形，二至三回羽裂，末回裂片线形，或线状披针形；茎叶向上渐小。复伞形花序；苞片缺或1～4，全缘，伞辐3～10；小苞片缺；萼齿退化；花瓣白色或淡粉色。果长圆状椭圆形，每棱槽油管1，合生面2。

生于海拔1500～4300米的河滩草丛、林下或高山草甸。

厚棱芹属 *Pachypleurum*

119. 西藏厚棱芹
Pachypleurum xizangense

多年生草本，高10～30厘米。根被残留叶鞘。茎具沟纹。叶片二至三回羽状全裂。复伞形花序；总苞片10～15；伞辐20～40；小总苞片8～10；花瓣白色，先端具内折小舌片。分生果背腹扁压，主棱发育成厚翅；每棱槽内油管1，合生面油管2。

生于海拔4400～4600米的山坡草地及冲沟中。

独活属 *Heracleum*

120. 裂叶独活
Heracleum millefolium

多年生草本，高10～50厘米，被白色微柔毛。茎具2～3分枝，被糙硬毛。叶大部基生；叶片狭长圆形或披针形，3～4羽裂；羽片4～7对，末回裂片线形；茎叶少，与基生叶相似。复伞形花序，紧密；苞片4～5，线形，伞辐4～12，不等长；小苞片4～5；萼齿明显；花瓣白色。果阔卵形，密被微柔毛，每棱槽油管1，合生面2。

生于海拔3800～5000米的山坡草地、山顶或沙砾沟谷草甸。

报春花科 Primulaceae

海乳草属 Glaux

121. 海乳草
Glaux maritima

多年生草本，高3～25厘米。主根具鳞片状近膜质叶。茎直立或基部平卧，肉质，单一或分枝。叶片线形至椭圆状长圆形，或近匙形，近肉质，全缘。花生上部叶腋；花萼钟形；花冠状，白色或粉色；裂片倒卵状长圆形；子房上半部具腺点。蒴果卵状球形，先端稍尖，略呈喙状。

生于海拔3750～3850米的海边及内陆河漫滩盐碱地和沼泽草甸中。

点地梅属 Androsace

122. 雪球点地梅
Androsace robusta

多年生草本，密丛。叶丛紧密，圆球形。叶二型，外层叶长圆形，长4～7毫米；内层叶舌状长圆形，背面密被白色绵毛状长毛。花葶单一，密被白色卷曲柔毛；伞形花序具花4～8；花梗短于苞片；花萼密被白色长柔毛；花冠紫红色；喉部黄色。蒴果近球形。

生于海拔3100～5100米的山坡草地。

点地梅属 Androsace

123. 垫状点地梅
Androsace tapete

多年生草本，紧密圆丘垫状。根出短枝紧密排列，莲座叶叠成柱状丛生，常无节间，直径2～3毫米。叶无柄，二型，外层二叶深褐色，舌形至长圆状椭圆形，近无毛；内层叶线形至狭倒披针形，背面中上部密被白色簇生长柔毛，上面近无毛。花单生，近无柄，藏于叶丛；苞片线形，膜质；花萼浅裂；花冠粉色。

生于海拔3500～5000米的砾石山坡、河谷阶地和平缓的山顶。

报春花属 Primula

124. 西藏报春
Primula tibetica

多年生草本。叶莲座状；叶柄长接近叶片长度的3倍；叶片卵形至椭圆形或匙形，无毛，基部楔形至近圆形，边缘全缘，顶端钝至圆。伞形花序具花2～10；苞片长圆形至披针形，基部下延成耳状，长达1～1.5毫米；花萼管状钟形，中裂，具明显5棱；花冠粉紫色或淡紫色；花柱不等长。蒴果筒状，稍长于花萼。

生于海拔3200～4800米的山坡湿草地和沼泽化草甸中。

龙胆科 Gentianaceae

龙胆属 *Gentiana*

125. 蓝白龙胆
Gentiana leucomelaena

一年生草本，高2～10厘米。茎平卧至上升，基部分枝，无毛。基生叶花期枯萎；叶片卵状椭圆形至卵圆形，边缘不明显膜质；茎叶3～5对，叶片披针形至椭圆形。花少，花梗无毛；花萼钟形，裂片三角形，边缘狭膜质；花冠淡蓝色，稀白色，钟形，具蓝灰色条纹，喉部有深蓝色斑点。

生于海拔1940～5000米的沼泽化草甸、山坡草地、高山草甸。

獐牙菜属 *Swertia*

126. 毛萼獐牙菜
Swertia hispidicalyx

一年生草本，高5～25厘米。茎基部分枝，常紫红色，四棱形。基生叶花期枯萎，茎叶无柄，披针形或狭椭圆形，边缘有短粗毛，基部心形，半抱茎。聚伞花序顶生及腋生，开展；花5基数，稀4；花萼裂片边缘及中脉被短粗毛；花冠淡紫红色或白色，裂片卵形，基部具2个腺窝，开口朝向花冠基部，顶端具流苏。

生于海拔3400～5200米的山坡、河边、草原潮湿处、高山草地。

肋柱花属 *Lomatogonium*

127. 铺散肋柱花
Lomatogonium thomsonii

一年生草本，高5~15厘米。茎从基部多分枝，铺散，近四棱形。茎基部叶较大，匙形或狭矩圆状匙形，长10~15毫米；茎中上部叶椭圆形。花5数，单生分枝顶端，大小不等；花萼长为花冠的1/2；花冠蓝色、紫色至蓝紫色，基部具2个腺窝，外侧边缘具裂片状流苏。

生于海拔2200~5200米的河滩、湖滨草甸、沼泽草甸、高山草甸。

肋柱花属 *Lomatogonium*

128. 大花肋柱花
Lomatogonium macranthum

一年生草本，高7~35厘米。茎上升，具棱角，基部少分枝，无毛。基生叶无柄，披针形；茎叶无柄，向上渐小，披针形或椭圆形，顶端急尖或钝。聚伞花序疏散，顶生及腋生。花5基数；花梗具棱角，无毛；花萼裂片线形至线状披针形，边缘粗糙；花冠淡蓝紫色，具深蓝色脉纹；裂片长圆形，顶端渐尖。

生于海拔2500~4800米的河滩草地、山坡草地、灌丛草甸、林下、高山草甸。

喉毛花属 Comastoma

129. 蓝钟喉毛花
Comastoma cyananthiflorum

多年生草本，高5~15厘米。茎斜升，近四棱形。基生叶叶柄扁平；茎生叶具短柄，匙形至倒卵形，基部骤缩，长5~10毫米，宽3~6毫米。花单生分枝顶端；花梗斜升，近四棱形；花萼裂片稍不整齐，披针形或卵状披针形；花冠蓝色，高脚杯状，长1.4~2.5厘米；副冠2，长2.5~3毫米，腺体10；花丝白色，花药黄色，椭圆形；花柱明显，柱头近圆形。蒴果卵状椭圆形；种子褐色，圆球形，表面光滑。

生于海拔3000~4900米的高山草甸、灌丛草甸、林下、山坡草地。

喉毛花属 Comastoma

130. 柔弱喉毛花
Comastoma tenellum

一年生草本，高5~12厘米。茎上升至直立，近四棱形，基部分枝。基生叶少，具短柄，叶片匙形，中脉明显；茎叶无柄，长圆形至卵状长圆形，顶端急尖，具网脉。单花顶生，常4基数；花梗开展至直立；花萼裂片稍不等，披针形至卵形；花冠淡蓝色至蓝色，筒形；裂片开展；腺体8。

生于海拔2600米的山坡、草地潮湿处。

旋花科 Convolvulaceae

旋花属 Convolvulus

131. 田旋花
Convolvulus arvensis

多年生草本，具多少木质的根茎。茎平卧或缠绕，长达1米，无毛或疏被短柔毛。叶片卵状长圆形至卵形，无毛或具短柔毛，基部戟形、箭形或心形，顶端钝，具小短尖头。花序腋生，聚伞花序，花1~3；苞片2，线形；花梗是花萼长的4倍；萼片不等长，外面2短；花冠白色或粉色，阔漏斗形；子房无毛，卵形。

生于海拔600~4500米的耕地及荒坡草地上。

紫草科 Boraginaceae

软紫草属 Arnebia

132. 软紫草
Arnebia euchroma

多年生草本。根富含紫色物质。茎直立，高15~40厘米，基部有残存叶基，被长硬毛。叶无柄，两面疏生硬毛；基生叶线形，长7~20厘米。镰状聚伞花序生茎上部叶腋；花萼裂片线形，两面均密生硬毛；花冠筒状钟形，深紫色。小坚果宽卵形，黑褐色。

生于海拔2500~4200米的砾石山坡、洪积扇、草地及草甸等处。

软紫草属 *Arnebia*

133. 黄花软紫草
Arnebia guttata

多年生草本。根含紫色物质。茎多分枝,密生长硬毛和短伏毛。叶无柄,匙状线形至线形,长1.5～5.5厘米,密生具基盘的长硬毛。镰状聚伞花序;花萼裂片线形,有长伏毛;花冠黄色,筒状钟形,外面有短柔毛,裂片常有紫色斑点。小坚果三角状卵形。

生于戈壁、石质山坡、湖滨砾石地。

牛舌草属 *Anchusa*

134. 狼紫草
Anchusa ovata

一年生草本。茎基部分枝,高10～40厘米,疏被开展长硬毛。基生叶和下部茎叶具柄,倒披针形至线状长圆形,疏被长硬毛,边缘波状,具细牙齿。聚伞花序;苞片卵形至线状披针形;花梗约长2毫米,果期伸长达1.5厘米;花萼裂片钻形,果期增大,近星状开展;花冠白色,筒中部以下弯曲,附属物密被短柔毛。

生于山坡、河滩、田边等处。

微孔草属 *Microula*

135. 小微孔草
Microula younghusbandii

茎高1.5～5厘米，常自基部分枝，密被糙毛。叶狭长圆形，长0.7～1.9厘米，两面被短糙伏毛。苞片狭长圆形，密被糙伏毛；花萼5裂近基部，外面密被糙毛；花冠蓝紫色或白色，裂片近圆形，附属物低梯形。小坚果三角状卵形，有小瘤状凸起，背孔椭圆形。

生于海拔3000～4200米的高山草地、沟边或灌丛中。

微孔草属 *Microula*

136. 西藏微孔草
Microula tibetica

二年生草本植物，高1厘米，被短糙硬毛或近无毛。分枝短，构成莲座叶丛。叶平卧，匙形，背面具白色短刚毛，基部具基盘，上面被稀疏刚毛和短糙伏毛，近全缘或波状。花序顶生，密集呈头状；花梗短；花萼裂片狭三角形，外面被短柔毛；花冠蓝色或白色，无毛，附属物低梯形，裂片3.2～4毫米宽。小坚果具瘤，无孔。

生于海拔4500～5300米的湖边沙滩上、山坡流沙中或高原草地。

锚刺果属 *Actinocarya*

137. 锚刺果
Actinocarya tibetica

茎丛生，高3～10厘米。基生叶倒披针形或匙形，长1.2～2.4厘米，先端圆并有短尖头，下面有疏短伏毛。花单生叶腋，花梗长；花萼背面有短伏毛；花冠白色或淡蓝色，喉部附属物浅2裂。小坚果狭倒卵形，具锚状刺和短糙毛。

生于河滩草地、灌丛草甸等处。

鹤虱属 *Lappula*

138. 喜马拉雅鹤虱
Lappula himalayensis

一年生草本。茎丛生，高7～15厘米，密被短柔毛。基生叶莲座状，线状匙形，长2～3厘米，常纵向折叠，被短柔毛。花序生小枝顶端；花萼5深裂，外面被短柔毛；花冠小，淡蓝色，钟状，喉部附属物梯形。小坚果卵形，密生颗粒状凸起，背面有3～4个短的锚状刺。

生于海拔3780～4200米的山坡草地。

毛果草属 Lasiocaryum

139. 毛果草
Lasiocaryum densiflorum

一年生草本,高3~6厘米。茎基部分枝,被伏贴短柔毛。基生叶具柄;茎叶无柄或近无柄,卵形或狭倒卵形,被柔毛,基部渐狭。花序顶生,多花;花萼裂片线形,基部具纵脊;花冠蓝色,喉部黄色,具5枚稍2裂的附属物。小坚果狭卵形,沿皱纹处被伏贴的短柔毛。

生于海拔4000~4500米的石质山坡。

唇形科 Lamiaceae

荆芥属 Nepeta

140. 札达荆芥
Nepeta zandaensis

多年生植物。茎20~25厘米,节点白色纤毛。茎叶卵形至菱形卵形,边缘切齿状,具有密集的白色和淡黄色腺体。花梗有尖刺;苞片窄卵形;花萼管状,喉部倾斜;花冠红色。

生于海拔4300~4600米的砾石斜坡和山地。

荆芥属 Nepeta

141. 异色荆芥
Nepeta discolor

多年生草本。茎细弱，上升，被灰色短柔毛。叶具短柄，阔卵形至卵状心形，密被微柔毛，上面绿色，背面灰色，被黄色腺体，基部近心形，边缘具圆齿，顶端钝。穗状花序卵形或圆筒形，连续或间断；苞片长圆状线形，具刺；花无柄；花萼被短柔毛，喉部歪斜；花冠蓝色或白色，上唇无毛或稍被长柔毛。

生于海拔3300～4545米的高山。

扭连钱属 Marmoritis

142. 雪地扭连钱
Marmoritis nivalis

多年生草本，全株被长硬毛，具腺点。茎高10～15厘米。茎叶圆形、圆状卵形或近肾形，长1.5～2.2厘米，边缘具圆齿。花于叶腋内，组成聚伞花序；苞叶与茎叶同形；花萼管形，上部膨大；花冠浅蓝色，倒扭，冠檐二唇形。小坚果长圆状卵形。

生于海拔4950～5300米极高山的乱石滩上。

扭连钱属 *Marmoritis*

143. 圆叶扭连钱
Marmoritis rotundifolia

多年生草本，具细长的根茎，多分枝。茎上升或匍匐状，高7.5～15厘米，被茸毛。叶片近革质，圆形或扇形，直径1.2～2.5厘米，具皱纹，边缘具圆齿。聚伞花序腋生；苞叶与茎叶同形；花萼被柔软的长柔毛；花冠白色。小坚果线状长圆形光滑。

生于海拔3800～5300米的极高山被高度风化的乱石滩上。

扭连钱属 *Marmoritis*

144. 褪色扭连钱
Marmoritis decolorans

多年生草本，根茎木质。茎上升或近平卧，多分枝，顶端被白色绢状长柔毛，并具腺体。叶柄短或废退；中部茎生叶圆形至肾形，上面具皱褶，密被白色绢状长柔毛，背面有淡黄色腺体，边缘有圆齿。聚伞花序具花2或3；小苞片钻形；花萼顶端稍膨大，弯曲，密被白色长柔毛；花冠淡黄色或蓝色，被微柔毛，喉部有长柔毛。

生于海拔4800～5000米的高山砂石山坡上或谷地。

青兰属 *Dracocephalum*

145. 白花枝子花
Dracocephalum heterophyllum

多年生草本，茎高10～15厘米，密被倒向短柔毛。叶片阔至狭卵形，上面疏被短柔毛或近无毛，基部心形，边缘具浅圆齿或锯齿，具短缘毛，上部茎叶齿端具刺。轮伞花序具花4～8，顶生，节间缩短；苞片倒卵状匙形，两边各具3～9个刺状细锯齿；花萼绿色疏被短柔毛，二唇形；花冠白色，密被白色或淡黄色短柔毛。

生于海拔2800～5000米的山地草原及半荒漠的多石干燥地区。

百里香属 *Thymus*

146. 线叶百里香
Thymus linearis

半灌木。茎、枝通常伏地。叶具短柄，长圆状线形，长约6毫米，基部渐狭，具脉，边缘及叶柄被缘毛；苞叶卵圆形。轮伞花序头状；花两型；花萼近无毛，上唇3裂，下唇2裂，齿具缘毛；花冠青紫色，喉部有深色斑点。

生于海拔3600～4250米的山坡草地、冲积扇石坡或河阶地上。

香薷属 Elsholtzia

147. 毛穗香薷
Elsholtzia eriostachya

一年生草本。茎高15~37厘米，紫红色，被微柔毛，基部分枝或不分枝。叶柄被细长柔毛；叶片长圆形至卵状长圆形，草质，基部宽楔形至圆形，边缘具细锯齿至锯齿状圆齿。穗状花序圆筒形，顶生，轮伞花序多花，花序轴密被短柔毛；苞片阔卵形；花萼钟形，密被淡黄色念珠状长柔毛；花冠黄色，外面被微柔毛。

生于海拔3500~4100米的山坡草地。

茄科 Solanaceae

天仙子属 Hyoscyamus

148. 天仙子
Hyoscyamus niger

二年生草本，高达1米，全体被黏性腺毛。一年生的茎自根茎发出莲座状叶丛，叶卵状披针形；第二年春茎伸长而分枝，茎生叶羽状浅裂。花单生于叶腋，通常偏向一侧；花萼于果期增大成坛状；花冠钟状，黄色而脉纹紫堇色，长于花萼1倍。蒴果包藏于宿存萼内。

生于海拔700~3600米的山坡、路旁、住宅区及河岸沙地。

泡囊草属 Physochlaina

149. 西藏泡囊草
Physochlaina praealta

多年生草本，高30~50厘米。茎多分枝，被腺质短柔毛。叶片草质，卵形、卵状三角形或三角形，长4~13厘米，宽3~8厘米，被腺柔毛，基部心形或近截形，全缘或微波状。花序排列成疏散的顶生伞房式聚伞花序，少花；苞片叶状；花萼短坛状，被腺柔毛；花冠黄色，具紫色脉，坛状或筒状坛形。蒴果矩圆状，种子近肾形。

生于海拔4200~4300米的山坡、阶地。

玄参科 Scrophulariaceae

玄参属 Scrophularia

150. 齿叶玄参
Scrophularia dentata

半灌木状草本，高20~40厘米。茎多分枝，丛生状，干时变黑，无毛或被微柔毛。叶近无柄；叶片狭长圆形至卵状长圆形，基部渐狭至楔形，边缘具浅齿，羽裂，羽状全裂。圆锥花序顶生，聚伞花序具花1~3；花梗被腺柔毛；花萼裂片圆形；花冠紫红色，二唇形。蒴果狭卵形，具短喙。

生于海拔4000~6000米的河滩、山坡草地以及林下石上。

藏玄参属 Oreosolen

151. 藏玄参
Oreosolen wattii

全株被粒状腺毛。根粗壮。下部叶鳞片状,上部叶密集,莲座状;叶柄短,宽,扁平;叶片心形至卵形,厚,边缘具不规则牙齿,叶上面脉强烈凹陷。花序高不超过5厘米;花萼裂片线状披针形;花冠黄色,下唇裂片倒卵状圆形,上唇裂片卵状圆形。蒴果卵状球形,种子深褐色。

生于海拔1700~4200米的高山草甸。

肉果草属 Lancea

152. 肉果草
Lancea tibetica

小草本。根茎细长,节上具1对膜质鳞叶。叶6~10枚,莲座状;叶片倒卵形、倒卵状长圆形,或匙形,近革质,全缘或具疏齿。花3~5朵簇生或呈总状;花萼革质,钻状三角形;花冠深蓝色至紫色,喉部淡黄色或具紫色斑点。果红色至深紫色,卵形;种子多数,黄褐色,长圆形。

生于海拔2000~4500米的草地、疏林中或沟谷旁。

婆婆纳属 *Veronica*

153. 毛果婆婆纳
Veronica eriogyne

植株高10～30厘米。茎丛生，上升，有灰白色细柔毛。叶片卵形至卵状披针形，长1.5～3.5厘米。总状花序1～4支，侧生于茎顶端叶腋；苞片长于花梗；花萼裂片条状披针形；花冠蓝色或蓝紫色。蒴果卵状锥形，顶端钝而微凹，遍布长硬毛。

生于海拔2700～4700米的高山草甸、森林里。

小米草属 *Euphrasia*

154. 大花小米草
Euphrasia jaeschkei

植株直立，高10～20厘米。茎被白色柔毛。叶、苞叶及花萼均同时被刚毛和顶端为头状的腺毛。叶卵圆形，长6～12毫米，边缘具3～5个锯齿。苞叶较大，花萼裂片钻状三角形；花冠淡紫色或粉白色，上唇裂片翻卷部分长达1.2毫米，下唇显长于上唇。

生于海拔3200～3400米的草地。

马先蒿属 Pedicularis

155. 阿拉善马先蒿
Pedicularis alaschanica

多年生草本，高达35厘米，干时稍变黑。根短，粗壮。茎多数，基部分枝，密被锈色茸毛。基生叶早枯，上部茎叶3或4枚轮生；叶柄具翅；叶片披针状长圆形，两面无毛，羽状深裂。花序穗状，基部间断，苞片叶状；花萼脉上被长柔毛，裂片有锯齿或多少全缘；花冠黄色，盔顶端稍弯曲，喙较长。

生于海拔3900~5100米的河谷多石砾与沙的向阳山坡及湖边平川地。

马先蒿属 Pedicularis

156. 碎米蕨叶马先蒿
Pedicularis cheilanthifolia

多年生草本，高5~30厘米，干时稍变黑。根梭形。茎单一直立，不分枝，具4列毛。茎叶4枚轮生；叶片线状披针形，羽状全裂；裂片8~12对，羽状半裂，具重齿。花序近头状或穗状；苞片叶状；花萼前方开裂至1/3，裂片5，不等长；花冠紫红色至白色，有时黄色，盔镰状，喙短圆锥形或无喙。

生于海拔2150~4900米的河滩、水沟等水分充足之处，也见于阴坡桦木林、草坡中。

马先蒿属 Pedicularis

157. 甘肃马先蒿
Pedicularis kansuensis

一年或两年生草本，干时不变黑，体多毛，高可达40厘米以上。茎中空，多少方形，有4条成行的毛。叶基出者常长久宿存，有密毛；茎叶柄较短，4枚轮生；叶片长圆形，锐头，长达3厘米，宽14毫米。花序长者达25厘米或更长；苞片下部者叶状，余者亚掌状3裂而有锯齿；萼下有短梗，膨大而为亚球形，前方不裂，膜质，主脉明显，有5齿，齿不等，三角形而有锯齿；花冠长约15毫米，其管在基部以上向前膝曲，其长为萼的2倍，下唇长于盔，盔长约6毫米，多少镰状弓曲，常有具波状齿的鸡冠状凸起；花丝1对，有毛。蒴果斜卵形。

生于海拔1825～4000米的草坡和石砾处。

马先蒿属 Pedicularis

158. 管状长花马先蒿
Pedicularis longiflora var. *tubiformis*

一年生草本，高10～18厘米。茎短，毛逐步脱落。基生叶莲座状；叶柄疏被长柔毛；叶片披针形至狭长圆形，互生，两面无毛，羽状半裂至深裂，裂片具重齿。花腋生；花萼筒状，前方开裂至2/5，裂片2，羽裂；花冠黄色，下唇近喉处有2个紫色斑点，管被短柔毛，喙半环状卷曲，顶端2裂。

生于海拔2700～5300米的高山草甸及溪流。

马先蒿属 Pedicularis

159. 大唇拟鼻花马先蒿
Pedicularis rhinanthoides subsp. *labellata*

多年生草本，高4～30（40）厘米，干时略转黑色。茎直立，不分枝。叶基生者常成密丛，叶片线状长圆形，羽状全裂，裂片9～12对，有具胼胝质凸尖的牙齿，茎叶少数。总状花序短或可达8厘米；苞片叶状，无毛或疏被长柔毛；花梗无毛；萼长卵形，常具紫色斑点，齿5枚；花冠玫瑰色，管几长于萼1倍，外面有毛，喙长达8～10毫米，"S"形弯曲，下唇无缘毛。蒴果披针状卵形。

生于海拔3000～4500米的山谷潮湿处和高山草甸中。

紫葳科 Bignoniaceae

角蒿属 Incarvillea

160. 藏波罗花
Incarvillea younghusbandii

无茎草本，高10～20厘米。根肉质。叶基生，一回羽状复叶，叶轴长3～4厘米；侧生小叶2～5对，无柄，卵状椭圆形，粗糙，边缘具锯齿；顶生小叶卵圆形至圆形。花序短总状，花3～6或单生；花萼钟形，无毛，齿5，不等长，光滑；花冠漏斗形，红色；花筒橘黄色；花药丁字着生。蒴果近木质，强烈弯曲，具4棱。

生于海拔（3600）4000～5000（5840）米高山沙质草甸及山坡砾石垫状灌丛中。

茜草科 Rubiaceae

拉拉藤属 Galium

161. 猪殃殃
Galium spurium

蔓生或攀缘状草本，通常高30～90厘米。茎有4棱角，多分枝，棱上、叶缘、叶中脉上均有倒生的小刺毛。叶纸质或近膜质，6～8片轮生，带状或长圆状倒披针形，长1～5.5厘米，宽1～7毫米，1脉。聚伞花序腋生或顶生；花小，4基数，有纤细的花梗；花萼被钩毛；花冠黄绿色或白色，辐状，裂片长圆形；花柱2裂至中部，柱头头状。果干燥，有1或2个近球状的分果爿，密被钩毛。

生于海拔0～4600米开阔的田野、河边、农田、山坡。

茜草属 Rubia

162. 钩毛茜草
Rubia oncotricha

藤状草本，长0.5～1.5米，常平卧或披散状，全株被灰色硬毛，毛的末端作弯钩状。茎和分枝有四直棱和纵沟。叶4片轮生，披针形，边缘反卷。聚伞花序顶生和腋生；花冠白色或黄色，外面被长硬毛。核果浆果状，无毛，常有斑点。

常生于海拔500～2150米的林缘或疏林中，有时亦见于山坡草地上。

车前科 Plantaginaceae

车前属 *Plantago*

163. 车前
Plantago asiatica

二年生或多年生草本。须根多数。叶基生呈莲座状；叶片宽卵形至宽椭圆形，长4~12厘米，两面疏生短柔毛，脉5~7条；叶柄基部扩大成鞘。花序3~10个；花序梗有纵条纹；穗状花序细圆柱状；苞片龙骨突宽厚；花冠白色。蒴果上方周裂。

生于海拔0~3800米的山坡、沟壑、河岸、田野、路边、荒地、草坪。

车前属 *Plantago*

164. 平车前
Plantago depressa

一年生或越冬二年生草本。主根多少肉质；叶基生，疏被白色短柔毛；叶片椭圆形或倒卵状披针形，纸质，脉5或7，边缘有波状圆齿、牙齿或锯齿。花序穗状、狭圆筒状；花密集，基部间断；萼片无毛；花冠白色，无毛，裂片椭圆形至卵形。蒴果卵状椭圆形至圆锥状卵形，盖裂；种子4~5，黄褐色至黑色。

生于草地、潮湿的山坡、河岸、田野、路边。

桔梗科 Campanulaceae

风铃草属 *Campanula*

165. 灰毛风铃草
Campanula cana

多年生草本。茎很多支从一个根上发出，或茎基部木质化，从老茎下部发出很多当年生茎，植株通常铺散成丛，少上升。叶较小，长0.8～3厘米，背面密被白色毡毛。花萼筒部密被细长硬毛，裂片狭三角形，宽仅1～2.5毫米。

生于海拔1000～4300米的石灰岩石上。

沙参属 *Adenophora*

166. 喜马拉雅沙参
Adenophora himalayana

根常加粗，可达1厘米。茎不分枝，通常无毛，高15～60厘米。基生叶具柄，叶片心形或卵形；茎生叶披针形、狭椭圆形，无柄或有时茎下部的叶具短柄，全缘至疏生不规则尖锯齿，无毛或极少数有毛，长3～12厘米，宽0.1～1.5厘米。单花顶生或数朵花排成假总状花序；花萼无毛；花冠蓝色或蓝紫色，钟状，长17～22毫米，裂片4～7毫米。蒴果卵状矩圆形。

生于海拔1200～3000米的北坡或山沟草地、灌丛下、林下、林缘或石缝中。

忍冬科 Caprifoliaceae

刺参属 *Morina*

167. 青海刺参

Morina kokonorica

多年生草本。根粗壮，单一或分枝。茎丛生，高20～70厘米，下部有脊，无毛，上部被长柔毛。不育枝叶5或6，莲座状，线状披针形，两面无毛，能育枝叶相似；轮生花序顶生，8节，每轮总苞4枚，狭卵形；花萼杯状，外面无毛，里面被长柔毛，基部有髯毛，深2裂；花冠淡绿色，无毛。瘦果褐色，圆柱形。

生于海拔3000～4500米的砂石质山坡、山谷草地和河滩上。

忍冬属 *Lonicera*

168. 棘枝忍冬

Lonicera spinosa

落叶矮灌木，高达0.6米，常具坚硬、刺状、无叶的小枝。叶对生，条形至条状矩圆形，长4～12毫米，边缘背卷。花生于短枝上叶腋，总花梗极短；苞片叶状；杯状小苞顶端常浅2裂；相邻两萼筒分离；花冠初时淡紫红色，后变白色。果实椭圆形。

生于海拔3700～4600米的灌丛中或石砾堆上。

败酱科 Valerianaceae

甘松属 Nardostachys

169. 匙叶甘松
Nardostachys jatamansi

多年生草本。根茎直立或斜生，有烈香，花茎高5~50厘米。莲座叶狭匙形或线状倒披针形；叶柄与叶片近等长；叶片无毛或疏被微柔毛，3脉，基部渐狭，全缘；茎叶2~3对，椭圆形枝倒卵形。头状花序；总苞4~6，披针形；花萼5裂，裂片近圆形，果期伸长；花冠紫红色、粉色，钟形，5裂，多少被长柔毛。瘦果倒卵形。

生于海拔2600~5000米的高山灌丛、草地。

菊科 Asteraceae

须弥菊属 Himalaiella

170. 普兰须弥菊
Himalaiella abnormis

多年生草本，高8~15厘米。叶全部基生，有长达2厘米的叶柄，被蛛丝状茸毛；叶片椭圆形，长9厘米，大头羽状深裂。头状花序单生葶端；总苞钟状，被蛛丝状绵毛；总苞片5层，苞片边缘有睫毛；小花粉红色。瘦果圆柱状，被柔毛；冠毛白色，1层，羽毛状。

生于海拔4300米的流石山坡。

风毛菊属 *Saussurea*

171. 沙生风毛菊
Saussurea arenaria

多年生草本，高3～7厘米。根状茎有叶柄残迹。茎密被白色茸毛。叶莲座状，长圆形，长4～11厘米，下面密被白色茸毛。头状花序单生于莲座状叶丛中；总苞宽钟状；总苞片5层，外面被茸毛及腺点；小花紫红色。瘦果圆柱状；冠毛2层。

生于海拔2800～4000米的山坡、山顶及草甸或沙地、干河床。

风毛菊属 *Saussurea*

172. 异色风毛菊
Saussurea brunneopilosa

多年生草本，高7～45厘米。根状茎有残鞘。茎直立，不分枝，密被白色长绢毛。基生叶狭线形，下面密被白色绢毛。头状花序单生茎端；总苞近球形；总苞片4层，外面被长柔毛；小花紫色。瘦果圆锥状；冠毛黄褐色，2层。

生于海拔2900～4500米的山坡阴处及山坡路旁。

风毛菊属 *Saussurea*

173. 腺毛风毛菊
Saussurea schlagintweitii

根粗壮。茎高20厘米，有分枝。基生叶有叶柄，柄基鞘状扩大；叶片狭线状披针形，长2~4厘米，边缘有锯齿，两面被腺状短柔毛。头状花序单生，常为线形叶所包围；总苞片披针形，直立。瘦果四棱形；冠毛淡褐色。

生于海拔4700~5500米的草原、岩石裂缝中。

风毛菊属 *Saussurea*

174. 吉隆风毛菊
Saussurea andryaloides

多年生草本，高2~6厘米。无茎或具短茎。茎基被残存叶柄。莲座叶具短叶柄或无，叶长于头状花序；叶片宽线形至狭卵状椭圆形，大头羽裂至倒向羽裂，或不分裂具波状齿，背面密被茸毛，上面密被蛛丝状短柔毛。头状花序单生于莲座叶丛中央或茎端；总苞钟形；总苞片3~6层，被茸毛；花冠淡紫红色，瘦果褐色，圆筒形；冠毛淡褐色。

生于海拔4600米的山坡荒地。

风毛菊属 Saussurea

175. 拉萨雪兔子
Saussurea kingii

一年或二年生草本，高2～15厘米，一次结实性植物。茎1条，直立，基部铺散分枝。莲座叶具柄；叶片狭长圆状椭圆形至线形，羽裂，两面绿色，两面有腺点和蛛丝状茸毛，裂片5～10对，全缘或具牙齿。头状花序8～25，伞房状；总苞狭钟状；总苞片3或4层，顶端紫色，被蛛丝状毛；花托无毛；花冠淡紫红色、玫瑰色或白色。

生于海拔2920～4100米的河滩沙地、沙丘、山坡沙地。

刺头菊属 Cousinia

176. 毛苞刺头菊
Cousinia thomsonii

二年生草本。茎直立，高30～80厘米，灰白色，被蛛丝状茸毛。叶长椭圆形，长达12厘米，羽状全裂，边缘具三角形刺齿。头状花序单生枝端；总苞近球形；总苞片9层，顶端渐尖成硬针刺；小花紫红色、粉红色。瘦果倒卵状，压扁，两面各有1条凸起的肋棱。

生于海拔3700～4300米的山坡草地、河滩砾石地。

毛鳞菊属 Melanoseris

177. 头嘴菊
Melanoseris macrorhiza

多年生草本，高20~50厘米。茎单生，直立，细，无毛。下部叶和中部叶具叶柄，中部茎叶叶柄基部耳状扩大；叶片椭圆形至匙形，长6~14.5厘米，宽1~4.5厘米，大头羽状全裂，边缘全缘，侧裂片2~4对。头状花序8~10枚，在茎枝顶端排成伞房花序或伞房圆锥花序，含10~15枚舌状小花；总苞狭钟状；总苞片深紫绿色，无毛；舌状小花紫色或蓝紫色。瘦果浅黑色，压扁，长椭圆形。冠毛2层。

生于海拔3500~3980米的山谷、草地、岩隙。

苦苣菜属 Sonchus

178. 长裂苦苣菜
Sonchus brachyotus

一年生草本，高50~100厘米。茎直立，有纵条纹，茎枝光滑无毛。叶卵形、长椱圆形，长6~19厘米，羽状深裂、半裂或浅裂。头状花序排成伞房状花序；总苞钟状；总苞片4~5层；舌状小花黄色。瘦果长椭圆状，每面有5条纵肋。

生于海拔350~2260米的山地草坡、河边或碱地。

黄鹌菜属 *Youngia*

179. 细梗黄鹌菜
Youngia gracilipes

多年生草本，近无茎或具短茎，莲座状，高3~10厘米，具主根。莲座叶倒披针形、椭圆形，羽状半裂至羽状深裂或大头羽裂，疏被短柔毛，边缘全缘或具波状齿。头状花序3~14，簇生，具小花12~20，黄色；花序梗细，被柔毛或茸毛；总苞阔圆筒形；总苞片黑绿色。无毛。瘦果黑色，纺锤形，冠毛白色。

生于海拔2700~4800米的山坡林下、林缘、草甸及草原。

蒲公英属 *Taraxacum*

180. 藏蒲公英
Taraxacum tibetanum

多年生草本。叶倒披针形，长4~8厘米，通常羽状深裂。花葶1个或数个，高3~7厘米；总苞钟形，干后变墨绿色至黑色；外层总苞片先端稍扩大；舌状花黄色，舌片背面有紫色条纹。瘦果倒卵状长圆形至长圆形，上部具小刺。

生于海拔3600~5300米的山坡草地、台地及河边草地上。

蒲公英属 Taraxacum

181. 毛柄蒲公英
Taraxacum eriopodum

矮小草本，高6～13厘米，基部被淡白色至淡褐色蛛丝状毛。叶柄绿色，无翅；叶片绿色至亮绿色，倒披针形至阔倒披针形，分裂或不分裂，边缘具齿。花葶褐绿色，多少超出叶，被淡褐色蛛丝状毛；头状花序宽2.5～3.5厘米；总苞墨绿色至红色，披针形；舌状花黄色。瘦果深红色或麦秆色，上部具小刺；冠毛淡黄色。

生于海拔3000～5300米的山坡草地、河边沼泽地上。

蒲公英属 Taraxacum

182. 锡金蒲公英
Taraxacum sikkimense

多年生草本。叶倒披针形，长5～12厘米，羽状半裂至深裂。花葶长5～30厘米；头状花序直径40～50毫米；总苞钟形；总苞片干后墨绿色，具狭而明显的膜质边缘；舌状花黄色、淡黄色乃至白色，边缘花舌片背面有紫色条纹。瘦果倒卵状长圆形，上部有小刺，喙纤细。冠毛白色。

生于海拔2800～4800米的山坡草地或路旁。

假苦菜属 Askellia

183. 弯茎假苦菜
Askellia flexuosa

多年生草本，高3～30厘米。茎自基部分枝，无毛。基生叶及下部茎叶倒披针形、长倒披针形，长1～8厘米，宽0.2～2厘米，羽状深裂、半裂或浅裂。总苞狭圆柱状；总苞片4层，果期黑色或淡黑绿色，无毛；舌状小花黄色。瘦果纺锤状，有11条等粗纵肋。

生于海拔1000～5050米的山坡、河滩草地、河滩卵石地、冰川河滩地、水边沼泽地。

假苦菜属 Askellia

184. 矮小假苦菜
Askellia pygmaea

多年生草本，高2～4厘米。茎多数，全部茎枝光滑无毛。叶卵形或圆形，基部急狭成柄，叶柄细，边缘有锯齿，全部叶两面无毛。头状花序少数，成伞房花序状排列，花序梗弯曲；总苞圆柱状；总苞片4层，无毛，内层及最内层边缘白色膜质；舌状小花黄色。瘦果纺锤状，有10条纵肋。

生于海拔4600～4700米的河滩砾石地及山脚碎石地。

苦荬菜属 Ixeris

185. 苦荬菜
Ixeris polycephala

一年生草本。茎直立，高10～80厘米。基生叶花期生存，线形或线状披针形；中下部茎叶披针形或线形，基部箭头状半抱茎，两面无毛。头状花序在茎枝顶端排成伞房状花序；总苞圆柱状；总苞片3层，近顶端有鸡冠状凸起；舌状小花黄色。瘦果有10条高起的尖翅肋。

生于海拔300～2200米的山坡林缘、灌丛、草地、田野路旁。

苦荬菜属 Ixeris

186. 中华苦荬菜
Ixeris chinensis

多年生草本，莲座状，高5～50厘米，无毛。具主根。茎少数，稀单一，上升至直立，基部分枝。莲座叶倒披针形、椭圆形或线形，不分裂或羽裂，边缘全缘或具波状齿；茎叶少。花序伞房状；头状花序具花15～25，花序梗纤细；总苞圆筒形；总苞片无毛；舌状花亮黄色，稀白色或淡紫色。瘦果近纺锤形。

生于海拔100～4000米的山坡路旁、田野、河边灌丛或岩石缝隙中。

千里光属 *Senecio*

187. 芥叶千里光
Senecio desfontainei

一年生草本。茎单生,高10~25厘米,分枝。叶无柄,长圆形,长1.5~4厘米,羽状浅裂至羽状全裂。头状花序有舌状花;总苞狭钟状,具外层苞片;苞片8~10,顶端具黑色尖头;总苞片15~20;舌状花8~12,舌片黄色。瘦果被贴生柔毛。

生于海拔3100~4600米的溪边多沙砾地或山坡。

紫菀属 *Aster*

188. 半卧狗娃花
Aster semiprostratus

多年生草本。茎枝平卧或斜升,被平贴的硬柔毛,基部分枝。叶条形或匙形,长1~3厘米,全缘,被平贴的柔毛。头状花序单生枝端;总苞半球形;总苞片3层,披针形,外面被毛和腺体;舌状花20~35,舌片蓝色或浅紫色。瘦果倒卵形,被绢毛,上部有腺。

生于海拔3200~4600米的干燥多砂石的山坡、冲积扇上或河滩沙地。

紫菀属 Aster

189. 星舌紫菀
Aster asteroides

多年生草本，高2~15厘米，根茎短，具块根。茎直立，花葶状，淡紫色或绿色，基部密被长柔毛和腺柔毛。茎生叶迅速减少，叶被长柔毛，卵形至长圆形。头状花序单一，顶生；总苞半球形；总苞片2或3层，不等长，密被淡紫色具柄腺毛；舌状花35~60，淡蓝紫色，管状花裂片被黑色腺毛。瘦果狭倒卵形，具短糙伏毛。

生于海拔3200~3500米的高山灌丛、湿润草地或冰碛物上。

紫菀属 Aster

190. 重冠紫菀
Aster diplostephioides

多年生草本，高13~57厘米。茎直立，不分枝，被柔毛，上部被具柄腺毛。叶基生和茎生，茎生叶向上渐小，薄，被柔毛和具柄腺毛，边缘全缘或有疏锯齿；基生叶花期枯萎。头状花序单生茎端，直径6~9厘米；总苞半球形；总苞片2或3层，线状披针形，背面被较密的黑色腺毛；舌状花常2层，45~93个；舌片蓝色或蓝紫色，舌片线形，长18~25毫米，宽1~2毫米。瘦果狭倒卵形，肋4~6；冠毛3层，白色。

生于海拔2700~4600米的高山及亚高山草地及灌丛中。

紫菀属 Aster

191. 萎软紫菀
Aster flaccidus

多年生草本，高3～15厘米，常花葶状，疏被腺毛。叶基生及茎生，匙形至长圆形或倒披针形，全缘或具疏细锯齿。头状花序，单一，顶生；总苞直径1.5～2厘米，外层总苞片基部密被绵毛或长柔毛，内部疏被有柄腺体；舌状花蓝色或淡紫色。瘦果倒卵形，扁，疏被短糙伏毛。

生于海拔1800～5100米潮湿的高山草原、高山和亚高山牧场、草甸、灌丛、卵石地、休耕地、森林。

亚菊属 Ajania

192. 灌木亚菊
Ajania fruticulosa

小半灌木，高8～40厘米。老枝麦秆黄色，花枝被短柔毛。中部茎叶圆形、扁圆形、三角状卵形，长0.5～3厘米，二回掌状或掌式羽状3～5分裂。头状花序排成伞房花序或复伞房花序；总苞钟状；总苞片4层，苞片边缘膜质；麦秆黄色，有光泽。

生于海拔550～4400米的荒漠及荒漠草原。

亚菊属 Ajania

193. 紫花亚菊
Ajania purpurea

亚灌木，高4～25厘米。具木质根茎。老枝淡褐色，幼枝密被茸毛。叶具柄；叶片椭圆形或斜椭圆形，两面灰白色，密被厚茸毛，掌状3～5裂或羽状3～5裂。顶生伞形花序，头状花序5～10；总苞钟形；总苞片4层，背面有茸毛；小花紫色，无冠毛。

生于海拔4800～5300米的高山砾石堆和高山草甸及灌丛中。

蒿属 Artemisia

194. 大花蒿
Artemisia macrocephala

一年生草本。茎直立，单生，高10～30（50）厘米；茎、枝疏被灰白色微柔毛。叶两面被灰白色短柔毛，宽卵形，长2～4厘米，二回羽状全裂。头状花序近球形，直径5～10（15）毫米，下垂；总苞片3～4层；花序托密生白色托毛。瘦果长卵圆形。

生于海拔1500～4850米的草原、荒漠草原及森林草原地区，在山谷、洪积扇、河湖岸边、沙砾地、草坡或路边等地见，也见于盐碱地附近。

蒿属 *Artemisia*

195. 冻原白蒿
Artemisia stracheyi

多年生草本，植株有臭味。根木质。茎多数，常成丛或近成垫状，具纵棱；茎、叶两面及总苞片背面密被绢质茸毛。叶狭长卵形、长圆形或长椭圆形，长5～10厘米，二至三回羽状全裂。头状花序半球形，下垂；总苞片4层。瘦果倒卵形。

生于海拔4300～5100米的山坡、河滩、湖边等砾质滩地或草甸与灌丛等地区。

蒿属 *Artemisia*

196. 纤杆蒿
Artemisia demissa

一年或二年生草本，高5～20厘米，多分枝，下部分枝平卧，被淡黄色短柔毛或无毛。下部茎叶叶柄长0.5～1厘米，叶片长圆形或卵形，二回羽状深裂，裂片2～3对；中上部茎叶羽状全裂。狭穗状圆锥花序；总苞卵形，直径1.5～2毫米；总苞片被微柔毛，有时无毛。瘦果倒卵形。

生于海拔2600～4800米的山谷、山坡、路旁、草坡及沙质或砾质草地上。

蒿属 *Artemisia*

197. 青藏蒿
Artemisia duthreuil-de-rhinsi

多年生草本，高10~20厘米。具短粗根茎，被灰色或淡黄色短柔毛，后毛稀疏。叶片卵形或长圆形，下部叶叶柄长1~2厘米，二回羽状全裂，裂片3或4对，椭圆形；中上部叶卵形或长圆形，羽状全裂，裂片2或3对。头状花序密集；总苞直径2.5~3.5毫米；总苞片被短柔毛或无毛。瘦果长圆形或阔卵形。

生于海拔3500~4600米的高山或亚高山草原、草甸、砾质坡地等。

蒿属 *Artemisia*

198. 细裂叶莲蒿
Artemisia gmelinii

半灌木状草本。叶上面常有凹穴与白色腺点或凹皱纹，背面密被灰色或淡灰黄色蛛丝状柔毛；茎下部、中部与营养枝叶二至三回栉齿状的羽状分裂；上部叶一至二回栉齿状的羽状分裂。头状花序近球形；总苞片3~4层，花序托凸起；雌花花冠狭圆锥状，背面有腺点；两性花花冠背面微有腺点。瘦果长圆形，果壁上有细纵纹。

生于海拔1500~4900米的山坡、草原、半荒漠草原、草甸、灌丛、砾质阶地、滩地等。

蒿属 *Artemisia*

199. 臭蒿
Artemisia hedinii

一年生草本,高15～60厘米,紫色,疏被腺柔毛,有臭味。基部叶和下部茎叶叶柄长4～5厘米。基生叶多数,叶片莲座状,椭圆形,二回羽状全裂,裂片超过20对;中下部茎叶椭圆形,二回羽裂,裂片5～10对。头状花序狭圆锥花序状,球形或半球;管状花花冠裂片紫色。瘦果长圆状倒卵形。

生于海拔2000～4800(5000)米的湖边草地、河滩、砾质坡地、田边、路旁、林缘。

蒿属 *Artemisia*

200. 毛莲蒿
Artemisia vestita

半灌木,丛生,高50～120厘米。具木质根茎,基部分枝,被蛛丝状短柔毛,具芳香。下部叶中部茎叶柄长0.8～2厘米,叶片卵形、椭圆状卵形或近圆形,二或三回羽状全裂,裂片4～6对;上部叶密被蛛丝状短柔毛,小,羽状全缘或全缘。花序为圆锥花序,头状花序多数;总苞球形或半球形;花托无毛。瘦果长圆形。

生于海拔2000～4000米的山坡、草地、灌丛、林缘等处。

蒿属 Artemisia

201. 藏沙蒿
Artemisia wellbyi

半灌木，高15～28厘米，密被灰色或淡黄色绢质短柔毛。中下部茎叶具短柄；下部叶卵形或椭圆状卵形，长1.5～2.5厘米，二回羽状全裂，裂片3或4对，裂片线形或线状披针形；中上部茎叶椭圆状卵形，一回羽状全裂。狭圆锥花序；总苞卵形或近球形；总苞片被微柔毛或近无毛。瘦果倒卵形。

生于海拔3600～5300米的河湖边沙砾地、山坡草地、砾质坡地及高山草原和高山草甸附近。

蒿属 Artemisia

202. 藏白蒿
Artemisia younghusbandii

草本或半灌木，丛生，高15～25厘米。具木质根茎和枝，基部多分枝，密被灰色或淡黄色茸毛。基部叶和中部叶柄长2～4毫米；叶片卵形、阔卵形或近肾形，一或二回羽状全裂，裂片2～3对；上部茎叶羽状全裂。花序为宽圆锥花序，头状花序下垂；总苞半球形或阔卵形；花托圆锥形，被短柔毛。瘦果倒卵状椭圆形。

生于海拔4000～4650米的河谷、滩地、阶地、山坡、路旁、砾质坡地与砾质草地上。

蒿属 Artemisia

203. 小球花蒿
Artemisia moorcroftiana

半灌木，高50～70厘米。根茎横走匍匐，木质。茎丛生，具分枝，被灰色蛛丝状毛或淡黄色短柔毛。中下部叶叶柄长1～3厘米；叶片长圆形、卵形，背面密被灰色或淡黄色茸毛，上面疏被茸毛，二或三回羽状或全裂；上部茎叶羽状深裂。总状圆锥花序，间断；头状花序无柄；总苞球形或半球形，淡紫色，被短柔毛。

生于海拔300～4800米的山坡、台地、干河谷、砾质坡地、亚高山或高山草原和草甸等地区。

扁毛菊属 Allardia

204. 羽裂扁芒菊（羽裂扁毛菊）
Allardia tomentosa

多年生草本。根状茎匍匐；茎疏散丛生，高10～15厘米，被白色绵毛，基部残留叶鞘。叶被白色绵毛，长圆形至线状长圆形，长4～5厘米，二回羽状深裂。头状花序单生；总苞基部被密绵毛；总苞片3～4层；舌状花约20个；舌片粉红色，顶端有3小齿。瘦果被腺点。

生于海拔4200～5200米的碎石山坡。

火绒草属 Leontopodium

205. 弱小火绒草
Leontopodium pusillum

多年生草本，近垫状。根茎细弱，多分枝，有多数基生的具莲座叶丛的不育茎和花茎。茎高2～7厘米，叶多，密被白色茸毛。叶匙形至长圆状匙形；茎叶基部狭，顶端钝。头状花序3～7，密集；苞叶多数，构成星状苞叶群，密集；总苞3～4毫米，被白色绵毛；总苞片3层。瘦果无毛，冠毛白色。

生于海拔3500～5000米高山雪线附近的草滩地、盐湖岸和石砾地。常大片生长，成为草滩上的主要植物。

香青属 Anaphalis

206. 江孜香青
Anaphalis deserti

根状茎细长，木质；匍枝细，有莲座状叶丛；茎纤细，常弯曲。下部叶在花期枯萎；中部叶长圆状线形，有狭翅，边缘平，顶端有长尖头；上部叶被蛛丝状毛，上部暗绿色，下面被绵毛及腺毛。头状花序小；总苞宽钟状；总苞片4～5层，外层紫褐色，卵圆形；子房上部有疏腺体。

生于海拔3900米的桧林下。

香青属 *Anaphalis*

207. 淡黄香青
Anaphalis flavescens

根状茎稍细长，木质；匍枝细长，有莲座状叶丛；茎细，被绵毛。基部叶在花期枯萎；叶长圆状披针形或披针形，边缘平，具狭翅，具褐色枯焦状长尖头；全部叶被绵毛。总苞宽钟状；总苞片4～5层，外层椭圆形、黄褐色，基部被密绵毛；花托有缝状短毛。瘦果长圆形，被密乳头状凸起。

生于海拔2800～4700米的高山、亚高山坡地、坪地、草地及林下。

香青属 *Anaphalis*

208. 西藏香青
Anaphalis tibetica

根出条多数，顶端被枯叶，莲座叶丛顶生，花茎密丛生。近直立，高15～35厘米，细弱，单一，基部木质，被蛛丝状绵毛，叶多。下部叶花期枯萎，中部叶线形，基部下延成翅，边缘波状或反卷，背面密被白色绵毛，上面绿色，被腺毛。头状花序10或更多，生茎和枝顶，复伞房花序，总苞狭钟形，总苞片4或5层。

生于海拔3800～4100米的高山及亚高山针叶林下、灌丛或山坡阳地。

香青属 Anaphalis

209. 木根香青
Anaphalis xylorhiza

多年生草本。根茎粗壮，灌木状，多分枝，上部被鳞状枯叶，具顶生莲座叶丛和花茎，密集成垫状。茎直立或上升，高3～7厘米，细弱，草质，单一，被灰白色蛛丝状茸毛，叶多。莲座叶和下部叶匙形，长圆形或线状长圆形，基部渐狭成具翅的长柄，边缘平；上部茎叶小，倒披针形或线状长圆形，基部下延成翅，两面被灰褐色茸毛。头状花序5～10，复伞房花序；总苞阔钟形；总苞片5层，开展，白色或淡红色。瘦果倒卵状长圆形。

生于海拔3800～4000米的高山草地、草原和苔藓中。

禾本科 Poaceae

三蕊草属 Sinochasea

210. 三蕊草
Sinochasea trigyna

多年密丛生草本，基部具残存叶鞘。茎直立，高7～45厘米。叶鞘微糙；叶片坚硬，两面和边缘粗糙；叶舌膜质，具短缘毛。圆锥花序狭披针形；花梗被糙硬毛；小穗绿色带紫色尖头；颖披针形，5脉，光滑或微粗糙；外稃5脉，被长柔毛，芒长0.9～1.1厘米；内稃短于外稃，脉间被短柔毛，顶端具2齿。子房无毛。

多生于海拔3800～5100米的高山草甸及山坡上。

落芒草属 Piptatherum

211. 细弱落芒草
Piptatherum laterale

多年密丛生草本。茎高25～60厘米，2～3节。叶鞘无毛，短于节间；叶片内卷，长5～15厘米，背面微粗糙，上面被短柔毛；叶舌披针形，长2～5毫米。圆锥花序紧缩成线形，长5～20厘米，每节具1～3枚分枝，直立或上升；小穗黄绿色；颖披针形，基盘无毛；外稃狭披针形，密被短柔毛，芒生于顶端，易脱落。

生于海拔1800～4650米的山坡和河滩草地及峡谷湿地。

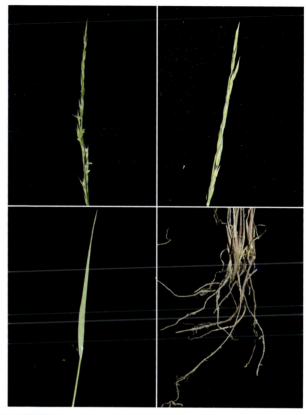

针茅属 Stipa

212. 短花针茅
Stipa breviflora

秆高20～60厘米，宿存枯叶鞘。叶舌具缘毛；叶片纵卷如针状。圆锥花序狭窄，基部为叶鞘所包藏；小穗灰绿色；颖披针形，具3脉；外稃具5脉，顶端关节处生1圈短毛，基盘密生柔毛，芒两回膝曲扭转；颖果长圆柱形。

多生于海拔700～4700米的石质山坡、干山坡或河谷阶地上。

针茅属 Stipa

213. 沙生针茅
Stipa caucasica subsp. *glareosa*

须根粗韧，外具砂套。秆高15～25厘米，宿存枯死叶鞘。叶鞘具密毛；叶舌长约1毫米，具纤毛；叶片纵卷如针。圆锥花序常包藏于顶生叶鞘内；颖尖披针形，具3～5脉；外稃长7～9毫米，关节处生1圈短毛，基盘密被柔毛，芒一回膝曲扭转。

多生于海拔630～5150米的石质山坡、丘间洼地、戈壁沙滩及河滩砾石地上。

针茅属 Stipa

214. 丝颖针茅
Stipa capillacea

多年丛生草本。茎高15～50厘米，2～3节。基部叶鞘无毛；叶片针形，长达20厘米，光滑或微粗糙；叶舌长0.6毫米，截形，具短缘毛。圆锥花序紧缩，长14～18厘米，分枝直立至上升；小穗的芒扭转在一起，成鞭状；小穗绿色；颖狭披针形，先端成丝状，基盘尖锐；外稃被短柔毛，芒关节处被一圈毛，二回膝曲。

常生于海拔2900～5000米的高山灌丛、草甸、丘陵顶部、山前平原或河谷阶地上。

针茅属 Stipa

215. 紫花针茅
Stipa purpurea

多年生密丛草本。茎高20～45厘米，1～2节。基部叶长为茎一半；叶鞘光滑，长于节间；叶片针形，纵卷，光滑或粗糙；基生叶叶舌长1毫米，上部叶舌长3～6毫米。圆锥花序开展，基部包于紫色叶鞘中；小穗紫色；颖披针形，基盘尖锐；外稃背部有短柔毛，顶端具一圈毛，芒二回膝曲，遍羽状毛。

多生于海拔1900～5150米的山坡草甸、山前洪积扇或河谷阶地上。

针茅属 Stipa

216. 昆仑针茅
Stipa roborowskyi

多年生密丛草本。茎高30～75厘米，2～3节。叶鞘长于节间；叶片针形，纵卷，疏被短柔毛；基部叶叶舌披针形，长2～5毫米；茎叶叶舌长3～7毫米。圆锥花序基部被叶鞘包裹；小穗绿色；颖狭披针形，顶端长渐尖，基盘尖锐；外稃背部被短柔毛，芒关节处被一圈毛，芒二回膝曲，遍布羽状毛。

常生于海拔3500～5100米的山坡草地、冲积扇或湖畔砾石地上。

细柄茅属 *Ptilagrostis*

217. 双叉细柄茅
Ptilagrostis dichotoma

多年生密丛草本。秆高5～15厘米，1～2节。叶片纵卷，线形，背面光滑或粗糙；叶舌三角形或披针形，长1～3毫米。圆锥花序疏松，分枝常孪生，基部分枝处具膜质苞片；小穗淡黄色或基部带紫色；颖椭圆形，顶端钝，3脉；外稃中下部被柔毛，上部粗糙，芒长1～2厘米，芒柱扭转，被羽状毛。

生于海拔3000～4800米的高山草甸、山坡草地、高山针叶林下和灌丛中。

芨芨草属 *Achnatherum*

218. 醉马草
Achnatherum inebrians

多年生。秆直立，高60～100厘米，节下贴生微毛，基部具鳞芽。叶舌长约1毫米；叶片边缘常卷折，上面及边缘粗糙。圆锥花序紧密呈穗状，长10～25厘米；小穗长5～6毫米；颖具3脉；外稃背部密被柔毛，具3脉，芒长10～13毫米，一回膝曲。颖果圆柱形。

生于海拔1700～4200米的高草原、山坡草地、田边、路旁、河滩。

芨芨草属 Achnatherum

219. 芨芨草
Achnatherum splendens

植株具被砂套的须根。秆内具白色的髓，密丛，高50～250厘米。叶舌长5～10（15）毫米；叶片纵卷，长30～60厘米。圆锥花序长（15）30～60厘米；小穗灰绿色；颖披针形，第一颖具1脉，第二颖具3脉；外稃背部密生柔毛，具5脉，基盘具柔毛，芒不扭转，长5～12毫米。

生于海拔900～4500米的微碱性的草滩及砂土山坡上。

臭草属 Melica

220. 伊朗臭草
Melica persica

多年生草本，密丛，具匍匐细根茎。秆直立，高15～50厘米，光滑无毛。叶鞘被长柔毛；叶舌长约1毫米；叶片长5～15厘米，上面被柔毛，下面无毛。圆锥花序长5～10厘米；小穗柄顶端被柔毛；颖膜质，第一颖具3脉，第二颖具5脉；外稃具明显的7～9脉，疏被毛。颖果纺锤形。

生于海拔约800米的山坡草丛中。

羊茅属 Festuca

221. 昌都羊茅
Festuca changduensis

多年生。秆直立，平滑无毛，高60~100厘米。叶鞘无毛；叶舌膜质，长3~5毫米；叶片扁平，粗糙，长10~20厘米。圆锥花序广开展，长约20厘米；小穗含3~5小花；第一颖窄披针形，背具1脉；第二颖具3脉；外稃披针形，具不明显的5脉，无芒。

生于海拔3200~3800米的高山、阳坡下部。

羊茅属 Festuca

222. 细芒羊茅
Festuca stapfii

丛生草本，鞘外分枝。茎高20~70厘米，2节。叶鞘光滑，或基部被短柔毛；叶耳存在；叶片对折，柔弱，两面无厚壁组织束；叶舌长0.3~0.5毫米，具缘毛。圆锥花序疏散，长6~23厘米，分枝长3~6厘米；小穗淡绿色或淡紫色，具小花3~4；颖光滑，边缘宽膜质；外稃长5~6.5毫米，光滑，渐尖，芒长5~8毫米；内稃脊粗糙。

生于海拔3000~3200米的林缘及山坡草地。

碱茅属 *Puccinellia*

223. 展穗碱茅
Puccinellia diffusa

多年生草本。秆高30～60厘米。叶鞘先端的边缘膜质；叶舌长约1.5毫米；叶片短线形，扁平或半内卷，上面粗糙。圆锥花序开展，长10～20厘米；小穗含小花4～8，长5～6毫米；颖顶端较钝圆；外稃倒卵形，具细纤毛，基部有短柔毛。

生于海拔1900～4300米的干旱河滩砾石沙地、盐碱草地。

碱茅属 *Puccinellia*

224. 喜马拉雅碱茅
Puccinellia himalaica

多年生草本。秆高10～20厘米。叶鞘平滑无毛；叶舌长约1毫米；叶片狭窄，长3～4厘米，对折或内卷。圆锥花序长4～8厘米，紧缩狭窄；分枝孪生；小穗较小，含小花2～3；第一颖具1脉，第二颖具3脉；外稃平滑无毛。

多生于海拔4000～5000米的平台草地、湖滨沼泽沙砾地、沟边河滩草甸、山谷温泉湖旁湿地。

碱茅属 *Puccinellia*

225. 裸花碱茅
Puccinellia nudiflora

多年生草本。秆丛生,高10～20厘米,基部节膝曲。叶鞘平滑无毛;叶舌长约1毫米;叶片对折或内卷,长3～5厘米。圆锥花序长4～6厘米;分枝着生2～4枚小穗;小穗长圆状卵形,含小花4;颖片卵形,有细缘毛;外稃宽卵形,边缘有金黄色膜质。

生于海拔2400～4900米的湖边砾石盐滩草甸、高山沟谷渠边沼泽地。

碱茅属 *Puccinellia*

226. 穗序碱茅
Puccinellia subspicata

多年生草本。秆高5～15厘米。叶鞘褐色,包围着秆基;叶片扁平或对折。圆锥花序长圆形,长2～5厘米,开展;分枝先端着生1～2枚小穗;小穗含小花3～7,长约8毫米;颖卵形,紫色;外稃椭圆形,5脉明显,边缘膜质。

生于高山带草甸湿地。

早熟禾属 *Poa*

227. 拉哈尔早熟禾
Poa albertii subsp. *lahulensis*

多年生草本。秆密丛，高10~30厘米。叶鞘枯后聚集秆基；叶舌长2~4毫米；叶片扁平，长2~6厘米，粗糙。圆锥花序紧缩，长3~5厘米；小穗具小花2~4；颖长圆状椭圆形，均具3脉，边缘膜质；外稃下部具柔毛；内稃两脊具细密糙刺。

生于海拔3600~4500米的沼泽草甸、山坡沙砾草地。

早熟禾属 *Poa*

228. 西藏早熟禾
Poa tibetica

多年生，具匍匐根状茎。秆高20~60厘米，具残存叶鞘。叶舌长1~2毫米；叶片长4~7厘米，常对折。圆锥花序紧缩成穗状，长5~10厘米；小穗含花3~5，长5~7毫米；第一颖具1脉，第二颖具3脉；外稃长圆形，中部以下具长柔毛。

生于海拔3000~4500米的沼泽草甸、河谷湖边草地、水沟旁盐化草甸及盐土湿地。

早熟禾属 Poa

229. 阿拉套早熟禾
Poa albertii

密丛或疏丛草本。秆高7～15厘米，有些粗糙，具1或2节。叶鞘粗糙；叶片扁平对折或内卷，粗糙；叶舌长1～2.5毫米。圆锥花序长圆形，每节具2～5分枝，无胎生小穗；小穗披针形，具小花2或3；颖不等长；外稃狭披针形，被短柔毛，基盘无毛。

生于海拔2000～5200米的高山草原上。

早熟禾属 Poa

230. 中亚早熟禾
Poa litwinowiana

多年生密丛或疏丛草本。秆高7～15厘米，粗糙，具1或2节。鞘外分枝，稀鞘内分枝。叶鞘粗糙；叶片扁平对折或内卷，粗糙；叶舌长1～2.5毫米。圆锥花序长圆形，每节具2～5分枝，无胎生小穗；小穗披针形，具小花2或3；颖不等长；外稃狭披针形，脊和边脉明显被短柔毛，脉间无毛，基盘无毛。

生于海拔4100～4700米的山坡草地、砾石地、草甸。

早熟禾属 *Poa*

231. 草地早熟禾
Poa pratensis

多年生疏丛草本，鞘外或鞘内分枝。茎高10～120厘米，直立或平卧，具2～4节。叶鞘具脊，光滑至被倒向微柔毛；叶片扁平或对折，光滑或微粗糙，边缘粗糙；叶舌白色，长0.5～4毫米。圆锥花序紧密至开展；小穗卵形，具小花2～5，无胎生小穗；颖不等长；外稃卵形至披针形，无毛，基盘被绵毛，毛与外稃等长。

生于海拔2400米左右的山地。

早熟禾属 *Poa*

232. 锡金早熟禾
Poa sikkimensis

一年生或短命多年生草本。茎直立或膝曲上升，高4～42厘米，光滑，具1～3节。叶鞘疏松，光滑无毛；叶片扁平，两面光滑或微粗糙，边缘粗糙；叶舌长1.5～4毫米。圆锥花序紧缩至开展，长3～15厘米，每节2分枝；小穗卵圆形，具小花3～5；颖常紫色，第一颖1脉，第二颖3脉；外稃脊被微柔毛，脉间光滑无毛，基盘无毛。

生于海拔4000米左右的山坡草地。

沿沟草属 Catabrosa

233. 沿沟草
Catabrosa aquatica

多年生草本。秆直立，高20~70厘米，具匍匐茎，于节处生根。叶舌透明膜质，长2~5毫米；叶片扁平，长5~20厘米，两面光滑无毛。圆锥花序开展，长10~30厘米；小穗含（1~）2（~3）小花；颖半透明膜质，近圆形至卵形；外稃具隆起3脉，光滑无毛；内稃具2脊。颖果纺锤形。

生于海拔800~4700米的河旁、池沼及溪边。

三毛草属 Trisetum

234. 优雅三毛草
Trisetum scitulum

多年生疏丛草本。茎直立，基部膝曲，高12~80厘米，无毛，具2~3节。叶鞘无毛；叶片扁平，长10~20厘米，上面被柔毛；叶舌长1~4毫米。圆锥花序披针形，疏松，长7~15厘米，褐色或淡紫色；小穗长6.5~9毫米，具小花1~3。颖不等长，狭披针形，基盘无毛；外稃黄褐色，脊微粗糙，顶端2齿，芒长9~14毫米。

生于海拔4000~5000米的高山灌丛中、流石滩及高山草甸中。

洽草属 *Koeleria*

235. 洽草
Koeleria macrantha

多年生密丛草本。秆直立，高25～60厘米，在花序下密生茸毛。叶舌膜质，长0.5～2毫米；叶片线形，长1.5～7厘米。圆锥花序穗状，下部间断，长5～12厘米；小穗长4～5毫米，含小花2～3；颖边缘宽膜质，第一颖具1脉，第二颖具3脉；外稃披针形，具3脉，边缘膜质。

生于海拔1800～3900米的山坡、草地或路旁。

洽草属 *Koeleria*

236. 芒洽草
Koeleria litvinowii

多年生草本。茎高达50厘米，花序下被短柔毛至茸毛，具1或2节。叶鞘密被短柔毛；叶片扁平，被短柔毛或无毛；叶舌长1～2毫米。圆锥花序椭圆状长圆形至狭长圆形，有时间断，轴和分枝密被短柔毛；小穗长4.7～6毫米，具小花2或3；颖近等长，脊粗糙；外稃披针形，被短柔毛，芒长0.5～2.5毫米。

生于海拔3700～5200米的高山草甸及河滩中。

剪股颖属 *Agrostis*

237. 广序剪股颖
Agrostis hookeriana

多年生丛生草本。茎直立或基部稍膝曲，高达50厘米，具2~4节。叶鞘光滑；叶片狭线形，扁平，光滑；叶舌长2~3毫米。圆锥花序疏散，卵形，长7~20厘米，花期开展，每节具2~3分枝；小穗长2.6~3.5毫米，淡紫色；颖不等长，脊粗糙，基盘被毛，长约0.2毫米；外稃光滑或微粗糙，芒自外稃背面中部以上伸出，长2~4毫米。

生于海拔2300~3600米的河边或潮湿地方。

拂子茅属 *Calamagrostis*

238. 假苇拂子茅
Calamagrostis pseudophragmites

多年生草本。秆直立，高40~100厘米。叶鞘平滑无毛；叶舌膜质，长4~9毫米；叶片扁平或内卷。圆锥花序疏松开展，分枝簇生；小穗长5~7毫米，草黄色或紫色；颖线状披针形，顶端长渐尖；外稃透明膜质，具3脉，芒自顶端或稍下伸出，长1~3毫米；内稃长为外稃的1/3~2/3；雄蕊3，花药长1~2毫米。

生于海拔350~2500米的山坡草地或河岸阴湿之处。

赖草属 *Leymust*

239. 赖草
Leymus secalinus

多年生草本。茎单一，高18～100厘米，具2～5节，光滑无毛。叶鞘光滑，无毛；幼时叶缘被缘毛；叶舌长1～1.5毫米；叶片扁平或卷曲，上面粗糙或光滑。穗状花序直立，灰绿色或褐色，长10～15厘米，每节具2或3小穗，具小花4～7；颖狭披针形，短于小穗，粗糙；外稃披针形，5脉，被短柔毛或无毛，芒长1～3毫米；花药长3.5～4毫米。

生于海拔2900～4200米的砂地、平原绿洲及山地草原带。

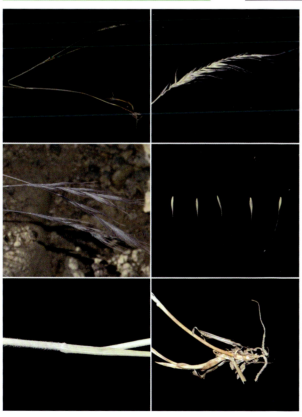

披碱草属 *Elymus*

240. 普兰披碱草
Elymus pulanensis

秆疏丛，高30～50厘米。叶长7～10厘米。穗状花序弯曲，长8～10厘米，具小穗5～8；小穗长22～26毫米，含小花7～9；颖长圆状披针形，先端具短芒，边缘膜质，具3～5脉；外稃披针形，上部5脉，先端具微反曲的芒，芒长30～40毫米。

生于海拔3000～3600米的河滩草地。

披碱草属 *Elymus*

241. 垂穗披碱草
Elymus nutans

多年生草本。茎直立或基部膝曲，高50～70厘米。叶鞘基部被微柔毛；叶片扁平，背面粗糙或光滑，上面被柔毛。穗状花序下垂，紧密，长5～12厘米，每节具2小穗，无柄或近无柄，绿色或淡紫色，长9～15毫米，具花2～4；颖长圆形，2枚，近等长，3或4脉，脉粗糙，顶端具短芒；外稃狭披针形，被微柔毛，第一外稃芒长12～20毫米。

生于海拔3150～4570米的草原、山坡道旁和林缘。

扁芒草属 *Danthonia*

242. 扁芒草
Danthonia cumminsii

多年生草木，具木质化的根茎。秆直立，高15～60厘米，紧密丛生。叶舌为1圈柔毛；叶片质较硬，卷折如丝状。圆锥花序紧缩，长3～10厘米，雌雄异株；小穗含小花4～6；颖膜质，披针形，具3～7脉；外稃具7～9脉，上部2裂，裂片延伸成侧芒，基盘具长毛，芒长1.5～2.5厘米。

生于海拔2920～4500米的高山草原草甸及林下灌丛中或河沟边多石处。

固沙草属 Orinus

243. 固沙草
Orinus thoroldii

多年生草本。根茎被鳞片，根被绵毛。茎直立，细弱，高12~50厘米，光滑或疏被柔毛。叶鞘被长硬毛；叶片扁平，稍内卷，灰绿色，长2~9厘米，被长硬毛至近无毛；叶舌披针形，长1~1.5毫米。圆锥花序长达15厘米，具4~8枚总状花序；小穗长5~6.5毫米，具小花2~5；颖披针形，淡紫色；外稃淡紫褐色，全部被柔毛。

生于海拔3300~4300米的干燥沙地或沙丘及低矮山坡上。在西藏的大片沙丘上形成特殊植物群落。

狼尾草属 Pennisetum

244. 白草
Pennisetum flaccidum

多年生草本，具粗壮根茎。茎丛生，高达1米。叶鞘疏松，近无毛；叶片线形，长3~25厘米，无毛，渐尖；叶舌长1~2毫米。花序顶生，线形，直立，长5~18厘米，轴无毛，刚毛多数，灰绿色；小穗狭卵状长圆形，长4~7毫米；第一颖短；第二颖较长，渐尖，下部小花不育；外稃与小穗等长，3~5脉。

多生于海拔2000~3000米的山坡、路旁及水沟边。

水麦冬科 Juncaginaceae

水麦冬属 *Triglochin*

245. 海韭菜
Triglochin maritima

多年生沼生草本，被枯叶鞘。叶长7~30厘米。花葶直立，粗糙，总状花序具紧密的花；花具短梗，梗长1毫米；花被片绿色，圆形至卵形，长1.5毫米；心皮6，能育。果上升，不紧贴花葶，长圆状卵形，长3~5毫米，基部圆。

生于海拔3050~5150米的湿沙地或海边盐滩上。

水麦冬属 *Triglochin*

246. 水麦冬
Triglochin palustris

多年生草本。根茎短，被枯叶鞘。叶长达20厘米。花葶直立，细弱，总状花序，花疏散排列；花具短梗，花期不伸长；花被片淡紫绿色，椭圆形，长2~2.5毫米；雄蕊6枚；心皮3。果紧贴花葶，棍棒状，长6~7（10）毫米，基部渐狭，成熟时3瓣开裂。

生于海拔3000~4700米的咸湿地或浅水处。

眼子菜科 Potamogetonaceae

篦齿眼子菜属 *Stuckenia*

247. 篦齿眼子菜
Stuckenia pectinata

多年生沉水草本。根茎圆柱形。茎分枝，圆柱形，丝状。托叶部分与叶基部合生成鞘状，绿色，抱茎，长1~6.5厘米；叶无柄，橄榄绿至深绿，丝状至线形，3~5脉。穗状花序圆筒形，长1~6厘米，具3~7轮对生的花；花序梗伸长，细弱；心皮4，果倒卵形，长3.4~4.2毫米，背面脊不明显，顶端具短喙。

生于海拔3300米以上的清水河沟等流水中。

莎草科 Cyperaceae

扁穗草属 *Blysmus*

248. 华扁穗草
Blysmus sinocompressus

多年生草本。根茎黄色，有光泽，具黑色鳞片。茎高5~20厘米，散生，厚1~1.2毫米，扁三棱形，基部被叶鞘。茎叶短于茎，叶片扁平，宽1.5~2.5毫米，内卷；总苞叶状，小苞片鳞片状，膜质。花序具3~10枚小穗，排成2列；小穗狭卵形，具花2~9；鳞片锈褐色；花被具刚毛3~6根，长于小坚果；雄蕊3，柱头2。小坚果长圆形。

生于海拔1000~4000米的山溪边、河床、沼泽地、草地等潮湿地区。

针蔺属 Trichophorum

249. 双柱头针蔺
Trichophorum distigmaticum

植株矮小，具细长匍匐根状茎。秆近于圆柱状，平滑，无秆生叶，具基生叶。叶片刚毛状；叶鞘长于叶片。花单性，雌雄异株；小穗单一，顶生，卵形，长约5毫米；鳞片卵形，薄膜质；无下位刚毛；具3个不发育的雄蕊；花柱长，柱头2。小坚果宽倒卵形，平凸状，黑色。

生于海拔3200～3600米的高山草原上。

嵩草属 Kobresia

250. 赤箭嵩草
Kobresia schoenoides

秆密丛生，坚挺，高15～60厘米，钝三棱形。叶边缘内卷呈线形。圆锥花序紧缩呈穗状；苞片鳞片状，顶端钝；小穗8～10个，支小穗顶生的雄性，侧生的雄雌顺序；鳞片长圆形，有1～3条脉；先出叶长圆形，腹面边缘分离几至基部。小坚果扁三棱形，柱头3个。

生于海拔2500～3500米的山坡草地。

嵩草属 Kobresia

251. 线叶嵩草
Kobresia capillifolia

根茎短。基部叶鞘宿存，具光泽。茎密丛生，直立，钝三棱形，高5~45厘米，细弱。叶基生，短于或等于茎；叶片丝状，边缘内卷，宽0.7~1毫米。花序紧密穗状，狭圆筒形，长2~4.5厘米，顶生数枚小穗雄性，下部者两性；两性小穗基部具雌花1，上部具雄花2~4；鳞片卵形，先出叶长圆形。小坚果椭圆形，柱头3。

生于海拔1800~4800米的山坡灌丛草甸、林边草地或湿润草地。

嵩草属 Kobresia

252. 高山嵩草
Kobresia pygmaea

矮小丛生草本，常构成垫状。茎硬直，钝三棱形，高1~10厘米。叶基生，与茎等长；叶片直立，丝状，宽0.3~0.5毫米。花序紧密穗状，卵形；所有小穗单性，顶生小穗雄性，下部者雌性；雄小穗鳞片褐色，膜质；雌小穗鳞片褐色，卵形；先出叶褐色，椭圆形，具1或2脊。小坚果褐色，有光泽，倒卵形，柱头3。

生于海拔3200~5400米的高山灌丛草甸和高山草甸。

薹草属 Carex

253. 尖鳞薹草
Carex atrata subsp. *pullata*

果囊基部具短柄，顶端急缩成极短的喙至无喙。

生于海拔3000~4800米的高山灌丛草甸、沼泽草甸、高山草甸以及林间空地。

薹草属 Carex

254. 小薹草
Carex parva

秆疏丛生，高10~35厘米，基部具鞘。秆的下部具1叶，秆生叶甚短于秆。小穗1个，顶生，长圆形，雄雌顺序；雄花鳞片长圆状披针形，具3条脉；雌花鳞片长圆状披针形。果囊最初近直立，成熟后向下反折，具多条细脉。小坚果短圆柱形，三棱形；柱头3个。

生于海拔2300~4400米的林缘、山坡、沼泽及河滩湿地。

薹草属 Carex

255. 黑褐穗薹草
Carex atrofusca subsp. *minor*

多年生草本，高10～70厘米。茎三棱形，光滑。叶短于茎，叶片淡绿色，宽3～5毫米，扁平，顶端渐尖。下部总苞叶状，绿色，短于小穗，具鞘。小穗2～5枚，上部1～2枚雄性，长圆形或卵形，长7～15毫米；雌花鳞片深紫红色，卵状披针形，中脉亮；果囊上部深紫色，长圆形，扁，具短喙，喙口具2齿。小坚果长圆形，柱头3。

生于海拔2200～4600米的高山灌丛草甸及流石滩下部和杂木林下。

薹草属 Carex

256. 窄叶薹草
Carex montis-everesti

茎丛生，高5～15厘米，钝三棱形，光滑。叶线形，短于茎；叶片宽1毫米，内卷，边缘具细牙齿，顶端拳卷。下部总苞刚毛状，上部者鳞片状。小穗通常2枚，稀3或4枚；顶生小穗雄性，侧生小穗雌性；雌花鳞片深紫红色，边缘白色透明，1个绿色叶脉构成顶部尖端；果囊椭圆形或卵形，具短喙，回口具2齿。小坚果椭圆形，柱头3。

生于海拔4400～5460米的山坡、河漫滩、灌丛、草甸或草原。

薹草属 Carex

257. 青藏薹草
Carex moorcroftii

茎高7~20厘米，三棱形。叶短于茎，叶片线形，宽2~4毫米，扁平，革质，边缘粗糙。总苞刚毛状，短于花序，无鞘。小穗4或5，邻近，多花；顶生小穗雄性，长圆形；侧生小穗雌性，卵形，无柄；雌花鳞片紫色，卵状披针形，边缘宽白色线；果囊黄绿色，椭圆状倒卵形，革质，孔口具2齿。小坚果倒卵形，柱头3。

生于海拔3400~5700米的高山灌丛草甸、高山草甸、湖边草地或低洼处。

灯心草科 Juncaceae

灯心草属 Juncus

258. 展苞灯心草
Juncus thomsonii

丛生草本。茎纤细，高7~20厘米，叶全部基生，叶片狭线形，长1~7厘米，具叶耳。头状花序顶生；苞片开展，卵状披针形，褐色；花被片6，长圆状披针形；雄蕊6，花丝褐色，花药长为花丝之半，花柱短，柱头长而弯曲。蒴果三棱状卵形，长于花被；种子两端具附属物。

生于海拔2800~4300米的高山草甸、池边、沼泽地及林下潮湿处。

百合科 Liliaceae

葱属 *Allium*

259. 粗根韭
Allium fasciculatum

多年生草本。鳞茎具粗壮，肉质，近块根状的根；鳞茎外皮淡棕色，纤维状。叶3～5枚，条形。花葶中生，高5～15厘米；伞形花序球状，密集，无小苞片；花白色，基部近筒状，上部钟状开展；花被片披针形，基部圆形扩大；子房基部收缩成短柄，每室2胚珠。

生于海拔2200～5400米的山坡、草地或河滩沙地。

葱属 *Allium*

260. 青甘韭
Allium przewalskianum

鳞茎数枚聚生，狭卵状圆柱形；鳞茎外皮红色，破裂成纤维状。叶半圆柱状至圆柱状，具4～5纵棱。花葶圆柱状，下部被叶鞘；总苞单侧开裂，具喙，宿存；伞形花序球状或半球状；小花梗近等长，花淡红色至深紫红色；花丝在基部合生并与花被片贴生；子房球状，基部无蜜穴。

生于海拔2000～4800米的干旱山坡、石缝、灌丛或草坡。

穗花韭属 Milula

261. 穗花韭
Milula spicata

多年生草本，植株高10～25厘米。鳞茎长4～10厘米。叶长10～20厘米。花葶直立，中空；穗状花序长1.5～3.5厘米；花密集；花被淡紫色，钟形，宿存，裂片阔卵形至圆形；雄蕊长5.5～6.5毫米，长于花被；花柱长2.5～4毫米，稍伸出。蒴果近球形，钝三棱形；种子黑色，狭卵形。

生于海拔2900～4800米含沙质的草地、山坡、灌丛或松林。

黄精属 Polygonatum

262. 轮叶黄精
Polygonatum verticillatum

根状茎节间长2～3厘米，一头粗，一头较细。叶通常为3叶轮生，矩圆状披针形，先端尖至渐尖。花单朵或2（3～4）朵成花序，花梗俯垂；花被淡黄色或淡紫色。浆果红色，具6～12粒种子。

生于海拔2100～4000米的林下或山坡草地上。

附录　西藏玛旁雍错湿地国家级自然保护区维管束植物名录

1. 玛旁雍错保护区记录有维管束植物46科161属285种（包括种下等级），其中，蕨类植物2科2属2种，裸子植物1科1属2种，被子植物43科158属281种。

2. 本名录在历史标本的基础上，根据2020年8月和2021年7月在玛旁雍错保护区两次系统采集的植物标本和照片系统鉴定而成。

3. 本名录按科、属、种的顺序进行排列。蕨类植物按秦仁昌（1978）的系统排列；被子植物按哈钦松系统（1964）排列。科的概念按类别分别参照上述两个系统，属、种概念参照《中国植物志》（*Flora of China*）。科内按植物属名的拉丁字母顺序、属内按种加词的拉丁字母顺序进行排列。

4. 名录中每种植物包括中文名、学名、生活型、株高、生境、经纬度、海拔、采集人、采集号。

蕨类植物 PTERIDOPHYTA

冷蕨科 Cystopteridaceae

皱孢冷蕨 *Cystopteris dickieana* R. Sim

草本；高0.4米；生于山坡石砾；30°26′07″N、81°10′07″E、4485米；董洪进、王毅、段涵宁、朱永-HJDXZ-1258

木贼科 Equisetaceae

犬问荆 *Equisetum palustre* Linnaeus

草本；高0.2~0.6米；生于路边；30°19′27″N、81°10′15″E、3913米；董洪进、李世升、杨涵、涂俊超-HJDXZ-657

裸子植物 GYMNOSPERMAE

麻黄科 Ephedraceae

山岭麻黄 *Ephedra gerardiana* Wallich ex C. A. Meyer

草本；高0.05~0.15米；生于山坡；30°25′42″N、81°9′30″E、4360米；董洪进、李世升、杨涵、涂俊超-HJDXZ-613

西藏中麻黄 *Ephedra intermedia* Schrenk ex C. A. Meyer

草本；高0.2~1米；生于斜坡石砾地；31°48′16″N、79°21′20″E、3791米；董洪进、王毅、段涵宁、朱永-HJDXZ-1307

被子植物 ANGIOSPERMAE

毛茛科 Ranunculaceae

露蕊乌头 *Aconitum gymnandrum* Maximowicz

草本；高0.05~0.14米；生于路边；29°5′25″N、87°39′16″E、3976米；董洪进、李世升、杨涵、涂俊超-HJDXZ-506

水毛茛 *Batrachium bungei* (Steudel) L. Liou

草本；高0.3米；生于湖边沼泽；30°44′36″N、81°36′43″E、4567米；董洪进、李世升、杨涵、涂俊超-HJDXZ-549

甘青铁线莲 *Clematis tangutica* (Maximowicz) Korshinsky
藤本；高1～4米；生于路边土坡；30°47′04″N、81°27′07″E、4582米；董洪进、王毅、段涵宁、朱永-HJDXZ-1252

西藏铁线莲 *Clematis tenuifolia* Royle
藤本；高1～2米；生于路边；30°47′04″N、81°27′43″E、4557米；董洪进、王毅、段涵宁、朱永-HJDXZ-1250

囊距翠雀花 *Delphinium brunonianum* Royle
草本；高0.1～0.5米；生于溪谷山坡石砾；30°26′10″N、81°10′20″E、4583米；董洪进、王毅、段涵宁、朱永-HJDXZ-1265

光序翠雀花 *Delphinium kamaonense* Huth
草本；高0.35米；生于石砾地；30°39′18″N、81°34′20″E、4782米；董洪进、王毅、段涵宁、朱永-HJDXZ-1244

狭叶碱毛茛 *Halerpestes lancifolia* (Bertoloni) Handel-Mazzetti
多年生小草本；高0.02米；生于阳坡；4800米；青藏队植被组-5557

三裂碱毛茛 *Halerpestes tricuspis* (Maximowicz) Handel-Mazzetti
草本；高0.25米；生于湖边沼泽；30°44′38″N、81°36′45″E、4564米；董洪进、李世升、杨涵、涂俊超-HJDXZ-547

乳突拟耧斗菜 *Paraquilegia anemonoides* (Willdenow) Ulbrich
草本；高0.2～0.5米；生于溪谷山坡石砾；30°26′10″N、81°10′14″E、4518米；董洪进、王毅、段涵宁、朱永-HJDXZ-1263

浅裂毛茛 *Ranunculus lobatus* Jacquemont
草本；高0.06～0.1米；生于河边草地；30°34′34″N、81°35′49″E、4609米；董洪进、王毅、段涵宁、朱永-HJDXZ-1279

云生毛茛 *Ranunculus nephelogenes* Edgeworth
草本；高0.03～0.15米；生于溪边；30°33′36″N、81°26′32″E、4575米；董洪进、李世升、杨涵、涂俊超-HJDXZ-573

腺毛唐松草 *Thalictrum foetidum* Linnaeus
草本；高0.15～1米；生于石砾地；30°32′28″N、81°22′39″E、4782米；董洪进、王毅、段涵宁、朱永-HJDXZ-1243

石砾唐松草 *Thalictrum squamiferum* Lecoyer
草本；高0.06～0.2米；生于河边石砾坡；30°23′41″N、81°12′15″E、4639米；董洪进、王毅、段涵宁、朱永-HJDXZ-1347

长瓣金莲花 *Trollius macropetalus* (Regel) F. Schmidt
草本；高0.7～1米；生于湿草地；450～600米。

罂粟科 Papaveraceae

拟锥花黄堇 *Corydalis hookeri* Prain
草本；高0.08～0.5米；生于路边山坡；29°30′07″N、86°28′08″E、4626米；董洪进、李世升、杨涵、涂俊超-HJDXZ-508

直茎黄堇 *Corydalis stricta* Stephan ex Fischer
草本；高0.3～0.6米；生于路边石砾地；31°40′53″N、79°43′50″E、4045米；董洪进、王毅、段涵宁、朱永-HJDXZ-1311

细果角茴香 *Hypecoum leptocarpum* J. D. Hooker & Thomson
草本；高0.04~0.6米；生于湖边沙砾；30°36′26″N、81°30′46″E、4569米；董洪进、李世升、杨涵、涂俊超-HJDXZ-559

多刺绿绒蒿 *Meconopsis horridula* J. D. Hooker & Thomson
一年生草本；高0.1~0.2米；生于岩石缝中；4800米；生物研究所西藏考察队-4118

十字花科 Brassicaceae

灰毛庭荠 *Alyssum canescens* de Candolle
半灌木；高0.05~0.4米；生于湖边；30°35′40″N、80°17′40″E、4597米；魏来、郝加琛-15516

窄翅南芥 *Arabis pterosperma* Edgeworth
草本；高0.2~0.45米；生于路边石砾；30°26′07″N、81°10′02″E、4463米；董洪进、王毅、段涵宁、朱永-HJDXZ-1253

高原芥 *Christolea crassifolia* Cambessedes
草本；高0.1~0.4米；生于土坡；30°47′04″N、81°27′43″E、4568米；董洪进、王毅、段涵宁、朱永-HJDXZ-1251

腺花旗杆 *Dontostemon glandulosus* (Karelin & Kirilov) O. E. Schulz
一年生草本；高0.03~0.15米；生于高山草甸；31°00′67″N、81°27′91″E、4940米；PE西藏考察队-8010

羽裂花旗杆 *Dontostemon pinnatifidus* (Willdenow) Al-Shehbaz & H. Ohba
草本；高0.1~0.5米；生于水边湿地；30°44′16″N、81°38′21″E、4548米；董洪进、王毅、段涵宁、朱永-HJDXZ-1218

阿尔泰葶苈 *Draba altaica* (C. A. Meyer) Bunge
草本；高0.02~0.07米；生于湖边沙地；30°44′38″N、81°36′50″E、4583米；董洪进、李世升、杨涵、涂俊超-HJDXZ-543

毛叶葶苈 *Draba lasiophylla* Royle
多年生丛生草本；高0.04~0.2米；生于山坡岩石上、石隙间；4000~5000米。

独行菜 *Lepidium apetalum* Willdenow
一年或二年生草本；高0.05~0.3米；生于江边灌草丛；30°09′10″N、81°19′36″E、3639米；陈家辉、庄会富、刘德团、边巴扎西-YangYP-Q-0024

头花独行菜 *Lepidium capitatum* J. D. Hooker & Thomson
草本；高0.2米；生于湖边沙地；30°44′40″N、81°36′49″E、4571米；董洪进、李世升、杨涵、涂俊超-HJDXZ-538

裸茎条果芥 *Parrya nudicaulis* (Linnaeus) Regel
草本；高0.35米；生于河边石砾坡；30°23′41″N、81°12′16″E、4635米；董洪进、王毅、段涵宁、朱永-HJDXZ-1343

单花荠 *Pegaeophyton scapiflorum* (J. D. Hooker & Thomson) C. Marquand & Airy Shaw
多年生草本；高0.05~0.15米；生于高山潮湿地、流石滩；5000米；青藏队-6488

无毛大蒜芥 *Sisymbrium brassiciforme* C. A. Meyer
草本；高0.45~0.8米；生于路边石砾；30°19′06″N、81°10′42″E、3902米；董洪进、李世升、杨涵、涂俊超-HJDXZ-644

藏芹叶荠 *Smelowskia tibetica* (Thomson) Lipsky
草本；高0.05～0.15米；生于湖边沙砾；30°36′25″N、81°30′45″E、4561米；董洪进、李世升、杨涵、涂俊超-HJDXZ-563

堇菜科 Violaceae

西藏堇菜 *Viola kunawarensis* Royle
多年生矮小草本；高0.02～0.06米；生于岩石缝；4667米；FLPH Tibet Expedition-12-0214

景天科 Crassulaceae

柴胡红景天 *Rhodiola bupleuroides* (Wallich ex J. D. Hooker & Thomson) S. H. Fu
草本；高0.05～0.6米；生于路边石砾；30°32′53″N、81°23′10″E、4682米；董洪进、李世升、杨涵、涂俊超-HJDXZ-663

大花红景天 *Rhodiola crenulata* (J. D. Hooker & Thomson) H. Ohba
草本；高0.05～0.17米；生于石砾地；30°32′37″N、81°22′48″E、4763米；董洪进、王毅、段涵宁、朱永-HJDXZ-1242

长鞭红景天 *Rhodiola fastigiata* (J. D. Hooker & Thomson) S. H. Fu
多年生草本；高0.5米；生于山坡；4590米；无采集人-76-8546

四裂红景天 *Rhodiola quadrifida* (Pallas) Schrenk
草本；高0.04～0.1米；生于山坡石砾；30°32′37″N、81°23′15″E、4708米；董洪进、李世升、杨涵、涂俊超-HJDXZ-669

异鳞红景天 *Rhodiola smithii* (Raymond-Hamet) S. H. Fu
草本；高0.02～0.05米；生于湖边石砾地；30°33′02″N、81°26′42″E、4658米；董洪进、王毅、段涵宁、朱永-HJDXZ-1237

西藏红景天 *Rhodiola tibetica* (J. D. Hooker & Thomson) S. H. Fu
草本；高0.1～0.3米；生于溪谷山坡石砾；30°26′09″N、81°10′14″E、4520米；董洪进、王毅、段涵宁、朱永-HJDXZ-1261

长叶瓦莲 *Rosularia alpestris* (Karelin & Kirilov) Borissova
草本；高0.05～0.12米；生于路边；30°32′12″N、81°48′31″E、4856米；董洪进、王毅、段涵宁、朱永-HJDXZ-1233

虎耳草科 Saxifragaceae

三脉梅花草 *Parnassia trinervis* Drude
草本；高0.07～0.2米；生于河边草地；30°34′33″N、81°35′51″E、4624米；董洪进、王毅、段涵宁、朱永-HJDXZ-1275

矮小斑虎耳草 *Saxifraga punctulata* var. *minuta* J. T. Pan
草本；高0.01～0.02米；生于高山草甸；4800米；青藏队-76-8275

山地虎耳草 *Saxifraga sinomontana* J. T. Pan & Gornall
草本；高0.035～0.45米；生于溪边；30°25′44″N、81°9′27″E、4334米；董洪进、李世升、杨涵、涂俊超-HJDXZ-600

石竹科 Caryophyllaceae

藓状雪灵芝 *Arenaria bryophylla* Fernald
草本；高0.03～0.05米；生于山坡；30°34′55″N、81°15′38″E、4601米；董洪进、李世升、杨涵、涂俊超-HJDXZ-626

毛叶老牛筋 *Arenaria capillaris* Poiret

草本；高0.12～0.15米；生于溪谷山坡石砾；30°26′09″N、81°10′14″E、4520米；董洪进、王毅、段涵宁、朱永-HJDXZ-1262

继裂石竹 *Dianthus orientalis* Adams

草本；高0.1～0.4米；生于斜坡石砾地；31°48′14″N、79°21′20″E、3789米；董洪进、王毅、段涵宁、朱永-HJDXZ-1306

喜马拉雅蝇子草 *Silene himalayensis* (Rohrbach) Majumdar

多年生草本；高0.2～0.8米；生于山沟；5100米；青藏队-76-8286

冈底斯山蝇子草 *Silene moorcroftiana* Wallich ex Bentham

草本；高0.15～0.25米；生于山坡石隙；30°46′40″N、81°36′45″E、4570米；董洪进、王毅、段涵宁、朱永-HJDXZ-1248

尼泊尔蝇子草 *Silene nepalensis* Majumdar

草本；高0.1～0.5米；生于路边石砾；30°32′55″N、81°23′10″E、4695米；董洪进、李世升、杨涵、涂俊超-HJDXZ-662

腺毛蝇子草 *Silene yetii* Bocquet

草本；高0.3～0.5米；生于山坡；30°25′45″N、81°9′35″E、4351米；董洪进、李世升、杨涵、涂俊超-HJDXZ-610

密花繁缕 *Stellaria congestiflora* H. Hara

草本；高0.03～0.2米；生于垭口山坡石砾坡；30°23′53″N、81°12′07″E、4931米；董洪进、王毅、段涵宁、朱永-HJDXZ-1351

毛禾叶繁缕 *Stellaria graminea* var. *pilosula* Maximowicz

草本；高0.1～0.3米；生于斜坡石砾地；31°48′16″N、79°21′20″E、3796米；董洪进、王毅、段涵宁、朱永-HJDXZ-1304

囊种草 *Thylacospermum caespitosum* (Cambessedes) Schischkin

多年生垫状草本；高0.3米；生于山顶沼泽地、流石滩、岩石缝和高山垫状植被中；5600米；青藏队-76-8210

蓼科 Polygonaceae

冰岛蓼 *Koenigia islandica* Linnaeus

一年生草本；高0.03～0.07米；生于田边；3700米；生物研究所西藏考察队-4039

山蓼 *Oxyria digyna* (Linnaeus) Hill

草本；高0.15～0.2米；生于河边；30°30′17″N、81°6′11″E、4166米；董洪进、李世升、杨涵、涂俊超-HJDXZ-619

密穗蓼 *Polygonum affine* D. Don

草本；高0.1～0.15米；生于垭口山坡石砾坡；30°23′55″N、81°12′06″E、4957米；董洪进、王毅、段涵宁、朱永-HJDXZ-1353

萹蓄 *Polygonum aviculare* Linnaeus

草本；高0.1～0.4米；生于路边土坡；31°45′27″N、79°29′44″E、4001米；董洪进、王毅、段涵宁、朱永-HJDXZ-1298

岩蓼 *Polygonum cognatum* Meisner

草本；高0.08～0.15米；生于山坡；30°25′44″N、81°9′25″E、4328米；董洪进、李世升、杨涵、涂俊超-HJDXZ-616

青藏蓼 *Polygonum fertile* (Maximowicz) A. J. Li

一年生草本；高0.005～0.008米；生于孔雀河口、滩草地、砾石坡；3900米；青藏队-76-8408

冰川蓼 *Polygonum glaciale* (Meisner) J. D. Hooker

草本；高0.1～0.15米；生于河边草地；30°21′21″N、81°10′07″E、4102米；董洪进、王毅、段涵宁、朱永-HJDXZ-1325

柔茎蓼 *Polygonum kawagoeanum* Makino

草本；高0.2～0.5米；生于沟边；30°19′27″N、81°10′15″E、3915米；董洪进、李世升、杨涵、涂俊超-HJDXZ-654

细叶西伯利亚蓼 *Polygonum sibiricum* var. *thomsonii* Meisner

草本；高0.1～0.25米；生于湖边；30°44′04″N、81°36′43″E、4576米；董洪进、李世升、杨涵、涂俊超-HJDXZ-553

叉枝蓼 *Polygonum tortuosum* D. Don

草本；高0.3～0.5米；生于湖边；30°44′02″N、81°36′43″E、4571米；董洪进、李世升、杨涵、涂俊超-HJDXZ-551

珠芽蓼 *Polygonum viviparum* Linnaeus

草本；高0.15～0.6米；生于路边河滩；30°44′14″N、81°38′28″E、4585米；董洪进、李世升、杨涵、涂俊超-HJDXZ-532

穗序大黄 *Rheum spiciforme* Royle

草本；高0.2～0.6米；生于溪谷山坡石砾；30°26′09″N、81°10′08″E、4486米；董洪进、王毅、段涵宁、朱永-HJDXZ-1260

巴天酸模 *Rumex patientia* Linnaeus

草本；高0.9～1.5米；生于河边；30°30′18″N、81°6′13″E、4169米；董洪进、李世升、杨涵、涂俊超-HJDXZ-622

藜科 Chenopodiaceae

平卧轴藜 *Axyris prostrata* Linnaeus

草本；高0.02～0.08米；生于湖边沙地；30°44′38″N、81°36′46″E、4567米；董洪进、李世升、杨涵、涂俊超-HJDXZ-545

灰绿藜 *Chenopodium glaucum* Linnaeus

草本；高0.2～0.4米；生于水边湿地；30°44′16″N、81°38′21″E、4548米；董洪进、王毅、段涵宁、朱永-HJDXZ-1219

平卧藜 *Chenopodium karoi* (Murr) Aellen

草本；高0.2～0.4米；生于溪谷山坡石砾；30°26′07″N、81°10′02″E、4471米；董洪进、王毅、段涵宁、朱永-HJDXZ-1271

藏虫实 *Corispermum tibeticum* Iljin

草本；高0.03～0.2米；生于河漫滩；4500米

刺藜 *Dysphania aristata* (Linnaeus) Mosyakin & Clemants

一年生草本；高0.1～0.4米；生于山坡；4500米

菊叶香藜 *Dysphania schraderiana* (Roemer & Schultes) Mosyakin & Clemants

草本；高0.2～0.6米；生于溪边；30°33′38″N、81°26′30″E、4539米；董洪进、李世升、杨涵、涂俊超-HJDXZ-582

盐生草 *Halogeton glomeratus* (Marschall von Bieberstein) C. A. Meyer
草本；高0.05～0.3米；生于路边土坡；31°39′51″N、79°44′44″E、3977米；董洪进、王毅、段涵宁、朱永-HJDXZ-1291

驼绒藜 *Krascheninnikovia ceratoides* (Linnaeus) Gueldenstaedt
草本；高0.1～1米；生于湖边石砾；30°43′59″N、81°22′11″E、4558米；董洪进、李世升、杨涵、涂俊超-HJDXZ-632

单翅猪毛菜 *Salsola monoptera* Bunge
一年生草本；高0.1～0.3米；生于山坡草甸；4530米；生物研究所西藏考察队-4158

尼泊尔猪毛菜 *Salsola nepalensis* Grubov
草本；高0.2～0.4米；生于湖边沙地；30°44′40″N、81°36′49″E、4570米；董洪进、李世升、杨涵、涂俊超-HJDXZ-539

角果碱蓬 *Suaeda corniculata* (C. A. Meyer) Bunge
一年生草本；高0.1～0.6米；生于干草地；30°41′48″N、81°58′05″E、4787米；FLPH Tibet Expedition-12-0064

牻牛儿苗科 Geraniaceae

高山熏倒牛 *Biebersteinia odora* Stephan
草本；高0.06～0.25米；生于河边石砾坡；30°23′36″N、81°12′05″E、4583米；董洪进、王毅、段涵宁、朱永-HJDXZ-1341

牻牛儿苗 *Erodium stephanianum* Willdenow
草本；高0.15～0.5米；生于路边石砾；30°19′10″N、81°10′41″E、3938米；董洪进、李世升、杨涵、涂俊超-HJDXZ-649

丘陵老鹳草 *Geranium collinum* Stephan ex Willdenow
草本；高0.25～0.35米；生于山坡石砾；30°26′05″N、81°10′03″E、4467米；董洪进、王毅、段涵宁、朱永-HJDXZ-1255

柳叶菜科 Onagraceae

宽叶柳兰 *Chamerion latifolium* (Linnaeus) Holub
草本；高0.15～0.45米；生于河边石砾坡；30°22′58″N、81°11′38″E、4419米；董洪进、王毅、段涵宁、朱永-HJDXZ-1334

鳞片柳叶菜 *Epilobium sikkimense* Haussknecht
草本；高0.25米；生于路边石砾地；30°20′53″N、81°10′02″E、4053米；董洪进、王毅、段涵宁、朱永-HJDXZ-1316

水马齿科 Callitrichaceae

沼生水马齿 *Callitriche palustris* Linnaeus
草本；高0.3～0.4米；生于湖边沼泽；30°33′45″N、81°26′29″E、4551米；董洪进、李世升、杨涵、涂俊超-HJDXZ-585

柽柳科 Tamaricaceae

秀丽水柏枝 *Myricaria elegans* Royle
灌木；高1～2米；生于路边；31°28′59″N、80°26′10″E、4540米；董洪进、王毅、段涵宁、朱永-HJDXZ-1283

匍匐水柏枝 *Myricaria prostrata* J. D. Hooker & Thomson

灌木；高0.05～0.14米；生于河边；30°29′58″N、81°6′01″E、4178米；董洪进、李世升、杨涵、涂俊超-HJDXZ-618

大戟科 Euphorbiaceae

高山大戟 *Euphorbia stracheyi* Boissier

草本；高0.6米；生于山坡石砾坡；30°23′36″N、81°11′56″E、4638米；董洪进、王毅、段涵宁、朱永-HJDXZ-1354

西藏大戟 *Euphorbia tibetica* Boissier

草本；高0.1～0.15米；生于山坡；30°25′45″N、81°9′35″E、4349米；董洪进、李世升、杨涵、涂俊超-HJDXZ-611

蔷薇科 Rosaceae

砂生地蔷薇 *Chamaerhodos sabulosa* Bunge

草本；高0.06～0.1米；生于路边石砾；30°19′10″N、81°10′42″E、3938米；董洪进、李世升、杨涵、涂俊超-HJDXZ-648

窄裂委陵菜 *Potentilla angustiloba* T. T. Yu & C. L. Li

多年生草本；高0.08～0.3米；生于沟边；4700米；生物研究所西藏考察队-4189

蕨麻 *Potentilla anserina* Linnaeus

草本；高0.02～0.2米；生于湖边；30°44′03″N、81°36′43″E、4574米；董洪进、李世升、杨涵、涂俊超-HJDXZ-552

双花委陵菜 *Potentilla biflora* Willdenow ex Schlechtendal

多年生丛生或垫状草本；高0.04～0.12米；生于高山草甸；5100米；青藏队植被组-5100

矮生二裂委陵菜 *Potentilla bifurca* var. *humilior* Ruprecht et Osten-Sacken

草本；高0.07米；生于湖边沙地；30°44′38″N、81°36′50″E、4587米；董洪进、李世升、杨涵、涂俊超-HJDXZ-544

多裂委陵菜 *Potentilla multifida* Linnaeus

草本；高0.12～0.4米；生于路边石砾地；30°21′18″N、81°10′06″E、4110米；董洪进、王毅、段涵宁、朱永-HJDXZ-1321

小叶金露梅 *Potentilla parvifolia* Fischer ex Lehmann

草本；高0.3～1.5米；生于湖边沙地；30°40′53″N、81°36′03″E、4576米；董洪进、李世升、杨涵、涂俊超-HJDXZ-556

钉柱委陵菜 *Potentilla saundersiana* Royle

草本；高0.1～0.2米；生于路边石砾；30°32′51″N、81°23′09″E、4690米；董洪进、李世升、杨涵、涂俊超-HJDXZ-666

豆科 Fabaceae

雅鲁黄耆 *Astragalus cobresiiphilus* Podlech & L. R. Xu

草本；高0.15米；生于沙砾地；4530米；生物研究所西藏考察队-4167

丛生黄耆 *Astragalus confertus* Bunge

草本；高0.05～0.15米；生于湖边石砾地；30°34′48″N、81°28′13″E、4561米；董洪进、王毅、段涵宁、朱永-HJDXZ-1234

密花黄耆 *Astragalus densiflorus* Karelin & Kirilov

草本；高0.07～0.3米；生于水边沙砾地；30°39′16″N、81°34′45″E、4559米；董洪进、王毅、段涵宁、朱永-HJDXZ-1228

刺叶柄黄耆 *Astragalus oplites* Bentham ex R. Parker

草本；高0.2～0.3米；生于路边石砾；30°19′09″N、81°10′40″E、3923米；董洪进、李世升、杨涵、涂俊超-HJDXZ-650

圆叶黄耆 *Astragalus orbicularifolius* P. C. Li & C. C. Ni

多年生垫状草本；高0.01米；生于山地碎石坡；5300米；青藏队-8236

变色锦鸡儿 *Caragana versicolor* Bentham

草本；高0.2～0.8米；生于湖边沙地；30°44′41″N、81°36′49″E、4568米；董洪进、李世升、杨涵、涂俊超-HJDXZ-537

长梗雀儿豆 *Chesneya crassipes* Borissova

草本；高0.02～0.03米；生于路边土坡；31°39′50″N、79°44′44″E、3970米；董洪进、王毅、段涵宁、朱永-HJDXZ-1295

云雾雀儿豆 *Chesneya nubigena* (D. Don) Ali

草本；高0.02～0.03米；生于河边石砾坡；30°23′41″N、81°12′15″E、4636米；董洪进、王毅、段涵宁、朱永-HJDXZ-1346

小叶鹰嘴豆 *Cicer microphyllum* Royle ex Bentham

草本；高0.15～0.4米；生于山坡；30°25′46″N、81°9′35″E、4350米；董洪进、李世升、杨涵、涂俊超-HJDXZ-608

藏豆 *Hedysarum tibeticum* (Bentham) B. H. Choi & H. Ohashi

草本；高0.03～0.05米；生于河边草地；30°34′30″N、81°35′51″E、4609米；董洪进、王毅、段涵宁、朱永-HJDXZ-1280

毛荚苜蓿 *Medicago edgeworthii* Širjaev

草本；高0.3～0.4米；生于路边石砾；30°19′27″N、81°10′15″E、3915米；董洪进、李世升、杨涵、涂俊超-HJDXZ-653

印度草木樨 *Melilotus indicus* (Linnaeus) Allioni

草本；高0.2～0.5米；生于路边石砾；30°20′51″N、81°9′30″E、4044米；董洪进、李世升、杨涵、涂俊超-HJDXZ-639

草木樨 *Melilotus officinalis* (Linnaeus) Lamarck

草本；高0.4～1米；生于路边土坡；31°45′27″N、79°29′44″E、4001米；董洪进、王毅、段涵宁、朱永-HJDXZ-1299

镰荚棘豆 *Oxytropis falcata* Bunge

草本；高0.01～0.35米；生于石砾地；30°44′14″N、81°38′27″E、4596米；董洪进、王毅、段涵宁、朱永-HJDXZ-1210

小叶棘豆 *Oxytropis microphylla* (Pallas) Candolle

草本；高0.05～0.3米；生于石隙；30°37′59″N、81°19′33″E、4563米；董洪进、王毅、段涵宁、朱永-HJDXZ-1247

冰川棘豆 *Oxytropis proboscidea* Bunge

草本；高0.03～0.17米；生于山坡；30°32′27″N、81°13′21″E、4603米；董洪进、李世升、杨涵、涂俊超-HJDXZ-625

细小棘豆 *Oxytropis pusilla* Bunge

多年生草本；高0.02~0.05米；生于高山草地；4950米；西藏考察队-28

胀果棘豆 *Oxytropis stracheyana* Bunge

草本；高0.02~0.03米；生于河边石砾坡；30°23′41″N、81°12′15″E、4626米；董洪进、王毅、段涵宁、朱永-HJDXZ-1344

毛柱蔓黄耆 *Phyllolobium heydei* (Baker) M. L. Zhang & Podlech

多年生草本；高0.05米；生于路边山坡；4700米

蒺藜叶膨果豆 *Phyllolobium tribulifolium* (Bentham ex Bunge) M. L. Zhang & Podlech

草本；高0.15米；生于路边山坡；3934米；PE西藏队-PE6622

披针叶野决明 *Thermopsis lanceolata* R. Brown

草本；高0.12~0.3米；生于路边土坡；31°45′27″N、79°29′41″E、3987米；董洪进、王毅、段涵宁、朱永-HJDXZ-1302

荨麻科 Urticaceae

异株荨麻 *Urtica dioica* Linnaeus

草本；高0.4~1米；生于山坡石砾；30°26′07″N、81°10′07″E、4471米；董洪进、王毅、段涵宁、朱永-HJDXZ-1257

高原荨麻 *Urtica hyperborea* Jacquin ex Weddell

草本；高0.1~0.5米；生于湖边石砾；30°45′29″N、81°22′24″E、4557米；董洪进、李世升、杨涵、涂俊超-HJDXZ-636

鼠李科 Rhamnaceae

平卧鼠李 *Rhamnus prostrata* R. N. Parker

灌木；高1~2米；生于路边石砾；30°22′00″N、81°9′12″E、3894米；董洪进、李世升、杨涵、涂俊超-HJDXZ-641

胡颓子科 Elaeagnaceae

西藏沙棘 *Hippophae tibetana* Schlechtendal

灌木；高0.6~1米；生于河谷；31°32′40″N、79°49′01″E、3789米；董洪进、王毅、段涵宁、朱永-HJDXZ-1286

伞形科 Apiaceae

匍枝柴胡 *Bupleurum dalhousieanum* (C. B. Clarke) Koso-Poljansky

多年生小草本；高0.1~0.14米；生于山坡干草原；4050米；青藏队植被组-13235

葛缕子 *Carum carvi* Linnaeus

草本；高0.3~0.7米；生于草地；30°30′16″N、81°6′11″E、4165米；董洪进、李世升、杨涵、涂俊超-HJDXZ-617

裂叶独活 *Heracleum millefolium* Diels

草本；高0.05~0.3米；生于溪边；30°25′44″N、81°9′28″E、4337米；董洪进、李世升、杨涵、涂俊超-HJDXZ-602

西藏厚棱芹 *Pachypleurum xizangense* H. T. Chang & R. H. Shan

草本；高0.1~0.3米；生于湖边高地；30°35′40″N、81°20′30″E、4728米；董洪进、李世升、杨涵、涂俊超-HJDXZ-591

垫状棱子芹 *Pleurospermum hedinii* Diels

多年生草本；高0.04~0.05米；生于山坡草地；5200米；青藏队-8251

喜马拉雅棱子芹 *Pleurospermum hookeri* C. B. Clarke

草本；高0.2~0.4米；生于河边草地；30°34′34″N、81°35′51″E、4610米；董洪进、王毅、段涵宁、朱永-HJDXZ-1277

茜草科 Rubiaceae

猪殃殃 *Galium spurium* Linnaeus

草本；高0.3~0.9米；生于路边石砾地；30°21′21″N、81°10′07″E、4105米；董洪进、王毅、段涵宁、朱永-HJDXZ-1326

钩毛茜草 *Rubia oncotricha* Handel-Mazzetti

草本；高0.5~1.5米；生于河边石砾坡；30°21′41″N、81°10′09″E、4150米；董洪进、王毅、段涵宁、朱永-HJDXZ-1329

忍冬科 Caprifoliaceae

棘枝忍冬 *Lonicera spinosa* (Decaisne) Jacquemont ex Walpers

灌木；高0.6米；生于溪边；30°25′44″N、81°9′28″E、4337米；董洪进、李世升、杨涵、涂俊超-HJDXZ-603

青海刺参 *Morina kokonorica* K. S. Hao

多年生草本；高0.3~0.5米；生于草坡；4400米；西藏中草药普查队-874

败酱科 Valerianaceae

匙叶甘松 *Nardostachys jatamansi* (D. Don) Candolle

草本；高0.05~0.5米；生于山坡石砾；30°32′46″N、81°23′36″E、4704米；董洪进、李世升、杨涵、涂俊超-HJDXZ-672

菊科 Asteraceae

灌木亚菊 *Ajania fruticulosa* (Ledebour) Poljakov

草本；高0.08~0.4米；生于路边；31°28′59″N、80°26′10″E、4540米；董洪进、王毅、段涵宁、朱永-HJDXZ-1281

紫花亚菊 *Ajania purpurea* C. Shih

草本；高0.04~0.25米；生于河边石砾坡；30°22′58″N、81°11′38″E、4429米；董洪进、王毅、段涵宁、朱永-HJDXZ-1335

羽裂扁芒菊 *Allardia tomentosa* Decaisne

草本；高0.1~0.15米；生于河边石砾坡；30°23′18″N、81°11′47″E、4487米；董洪进、王毅、段涵宁、朱永-HJDXZ-1338

江孜香青 *Anaphalis deserti* J. R. Drummond

草本；高0.05~0.15米；生于路边石砾地；30°20′52″N、81°9′29″E、4071米；董洪进、王毅、段涵宁、朱永-HJDXZ-1315

淡黄香青 *Anaphalis flavescens* Handel-Mazzetti

草本；高0.1~0.2米；生于石砾地；30°32′37″N、81°22′48″E、4759米；董洪进、王毅、段涵宁、朱永-HJDXZ-1241

西藏香青 *Anaphalis tibetica* Kitamura

草本；高0.15～0.35米；生于湖边石山；30°45′05″N、81°22′21″E，4559米；董洪进、李世升、杨涵、涂俊超-HJDXZ-634

木根香青 *Anaphalis xylorhiza* Schultz Bipontinus ex J. D. Hooker

草本；高0.17米；生于湖边石砾；30°35′23″N、81°21′12″E，4594米；董洪进、李世升、杨涵、涂俊超-HJDXZ-590

纤杆蒿 *Artemisia demissa* Krascheninnikov

草本；高0.05～0.2米；生于水边湿地；30°44′02″N、81°36′40″E，4562米；董洪进、王毅、段涵宁、朱永-HJDXZ-1225

青藏蒿 *Artemisia duthreuil-de-rhinsi* Krascheninnikov

多年生草本；高0.1～0.2米；生于阳坡草丛荒漠；30°31′49″N、81°12′33″E，4589米；FLPH Tibet Expedition-12-0213

细裂叶莲蒿 *Artemisia gmelinii* Weber ex Stechmann

草本；高0.1～0.4米；生于山坡石隙；30°49′19″N、81°31′55″E，4570米；董洪进、王毅、段涵宁、朱永-HJDXZ-1249

臭蒿 *Artemisia hedinii* Ostenfeld

一年生草本；高0.1～0.6米；生于砾质坡地；4530米；生物研究所西藏考察队-4157

大花蒿 *Artemisia macrocephala* Jacquemont ex Besser

草本；高0.1～0.3米；生于水边湿地；30°44′16″N、81°38′25″E，4565米；董洪进、王毅、段涵宁、朱永-HJDXZ-1221

冻原白蒿 *Artemisia stracheyi* J. D. Hooker & Thomson ex C. B. Clarke

草本；高0.15～0.45米；生于路边河滩；30°44′14″N、81°38′27″E，4584米；董洪进、李世升、杨涵、涂俊超-HJDXZ-522

毛莲蒿 *Artemisia vestita* Wallich ex Besser

草本；高0.5～1.2米；生于湖边石砾；30°43′59″N、81°22′11″E，4558米；董洪进、李世升、杨涵、涂俊超-HJDXZ-633

藏沙蒿 *Artemisia wellbyi* Hemsley & H. Pearson

草本；高0.15～0.28米；生于石砾地；30°44′14″N、81°38′27″E，4613米；董洪进、王毅、段涵宁、朱永-HJDXZ-1212

藏白蒿 *Artemisia younghusbandii* J. R. Drummond ex Pampanini

草本；高0.15～0.25米；生于路边山坡；29°19′47″N、85°14′05″E，4479米；董洪进、李世升、杨涵、涂俊超-HJDXZ-512

小球花蒿 *Artemisia moorcroftiana* Wallich ex Candolle

草本；高0.4米；生于水边沙砾地；30°37′12″N、81°31′23″E，4558米；董洪进、王毅、段涵宁、朱永-HJDXZ-1229

弯茎假苦菜 *Askellia flexuosa* (Ledebour) W. A. Weber

草本；高0.03～0.3米；生于路边石砾；30°19′06″N、81°10′42″E，3906米；董洪进、李世升、杨涵、涂俊超-HJDXZ-645

矮小假苦菜 *Askellia pygmaea* (Ledebour) Sennikov

草本；高0.02～0.04米；生于湖边石砾；30°55′59″N、81°17′48″E，4576米；董洪进、李世升、杨涵、涂俊超-HJDXZ-638

星舌紫菀 *Aster asteroides* (Candolle) Kuntze

草本；高0.02～0.15米；生于河边草地；30°34′34″N、81°35′49″E、4605米；董洪进、王毅、段涵宁、朱永-HJDXZ-1272

重冠紫菀 *Aster diplostephioides* (Candolle) Bentham ex C. B. Clarke

草本；高0.16～0.45米；生于溪边；30°25′44″N、81°9′29″E、4336米；董洪进、李世升、杨涵、涂俊超-HJDXZ-607

萎软紫菀 *Aster flaccidus* Bunge

草本；高0.05～0.3米；生于河边石砾坡；30°23′18″N、81°11′47″E、4494米；董洪进、王毅、段涵宁、朱永-HJDXZ-1339

半卧狗娃花 *Aster semiprostratus* (Grierson) H. Ikeda

草本；高0.05～0.15米；生于湖边沙地；30°44′38″N、81°36′50″E、4581米；董洪进、李世升、杨涵、涂俊超-HJDXZ-541

毛苞刺头菊 *Cousinia thomsonii* C. B. Clarke

草本；高0.3～0.8米；生于山坡；30°25′46″N、81°9′35″E、4361米；董洪进、李世升、杨涵、涂俊超-HJDXZ-609

普兰须弥菊 *Himalaiella abnormis* (Lipschitz) Raab-Straube

草本；高0.08～0.15米；生于路边石砾；30°19′05″N、81°10′39″E、3898米；董洪进、李世升、杨涵、涂俊超-HJDXZ-642

中华苦荬菜 *Ixeris chinensis* (Thunberg) Kitagawa

草本；高0.05～0.47米；生于河边；30°30′17″N、81°6′11″E、4166米；董洪进、李世升、杨涵、涂俊超-HJDXZ-620

苦荬菜 *Ixeris polycephala* Cassini ex Candolle

草本；高0.1～0.8米；生于湖边石砾地；30°36′15″N、81°30′34″E、4561米；董洪进、王毅、段涵宁、朱永-HJDXZ-1235

弱小火绒草 *Leontopodium pusillum* (Beauverd) Handel-Mazzetti

草本；高0.07～0.3米；生于垭口山坡石砾坡；30°23′54″N、81°12′07″E、5007米；董洪进、王毅、段涵宁、朱永-HJDXZ-1352

头嘴菊 *Melanoseris macrorhiza* (Royle) N. Kilian

草本；高0.15～0.5米；生于路边；30°20′40″N、81°9′49″E、4022米；董洪进、李世升、杨涵、涂俊超-HJDXZ-659

吉隆风毛菊 *Saussurea andryaloides* (Candolle) Schultz Bipontinus

多年生矮小草本；高0.05米；生于湖边；4600米；青藏队植被组-13366

沙生风毛菊 *Saussurea arenaria* Maximowicz

多年生草本；高0.03～0.07米；生于山坡砾石地；4700米；毛康珊、任广朋、邹嘉宾-LiuJQ-052

异色风毛菊 *Saussurea brunneopilosa* Handel-Mazzetti

多年生草本；高0.07～0.45米；生于干草地；4653米；毛康珊、任广朋、邹嘉宾-LiuJQ-077

鼠麴风毛菊 *Saussurea gnaphalodes* (Royle ex Candolle) Schultz Bipontinus

多年生草本；高0.01～0.06米；生于流石滩；5500米；生物研究所西藏考察队-4241

直鳞禾叶风毛菊 *Saussurea graminea* var. *ortholepis* Handel-Mazzetti

草本；高0.03～0.25米；生于山坡草地；5000米；藏71-036

拉萨雪兔子 *Saussurea kingii* C. E. C. Fischer

草本；高0.05～0.1米；生于路边山坡；29°30′08″N、86°28′09″E、4627米；董洪进、李世升、杨涵、涂俊超-HJDXZ-509

腺毛风毛菊 *Saussurea schlagintweitii* Klatt

草本；高0.1～0.2米；生于溪谷山坡石砾；30°26′09″N、81°10′22″E、4558米；董洪进、王毅、段涵宁、朱永-HJDXZ-1266

芥叶千里光 *Senecio desfontainei* Druce

草本；高0.1～0.25米；生于路边石砾地；30°21′14″N、81°10′05″E、4089米；董洪进、王毅、段涵宁、朱永-HJDXZ-1320

长裂苦苣菜 *Sonchus brachyotus* Candolle

草本；高0.5～1米；生于路边；30°19′28″N、81°10′16″E、3925米；董洪进、李世升、杨涵、涂俊超-HJDXZ-658

毛柄蒲公英 *Taraxacum eriopodum* (D. Don) Candolle

多年生矮小草本；高0.08～0.15米；生于河边沼泽地；4900米；青藏队-6474

锡金蒲公英 *Taraxacum sikkimense* Handel-Mazzetti

草本；高0.05～0.12米；生于河边；30°30′17″N、81°6′11″E、4162米；董洪进、李世升、杨涵、涂俊超-HJDXZ-621

藏蒲公英 *Taraxacum tibetanum* Handel-Mazzetti

草本；高0.1～0.2米；生于路边石砾地；30°21′07″N、81°10′05″E、4069米；董洪进、王毅、段涵宁、朱永-HJDXZ-1319

细梗黄鹌菜 *Youngia gracilipes* (J. D. Hooker) Babcock & Stebbins

草本；高0.02～0.15米；生于路边石砾地；30°21′01″N、81°10′05″E、4095米；董洪进、王毅、段涵宁、朱永-HJDXZ-1318

龙胆科 Gentianaceae

蓝钟喉毛花 *Comastoma cyananthiflorum* (Franchet) Holub

草本；高0.05～0.15米；生于溪边；30°33′36″N、81°26′32″E、4577米；董洪进、李世升、杨涵、涂俊超-HJDXZ-565

柔弱喉毛花 *Comastoma tenellum* (Rottboll) Toyokuni

草本；高0.05～0.12米；生于溪边；30°25′44″N、81°9′28″E、4340米；董洪进、李世升、杨涵、涂俊超-HJDXZ-606

蓝白龙胆 *Gentiana leucomelaena* Maximowicz ex Kusnezow

草本；高0.015～0.05米；生于水边湿地；30°44′04″N、81°36′42″E、4549米；董洪进、王毅、段涵宁、朱永-HJDXZ-1215

大花肋柱花 *Lomatogonium macranthum* (Diels & Gilg) Fernald

草本；高0.07～0.35米；生于溪边；30°25′44″N、81°9′28″E、4340米；董洪进、李世升、杨涵、涂俊超-HJDXZ-604

铺散肋柱花 *Lomatogonium thomsonii* (C. B. Clarke) Fernald

草本；高0.05～0.15米；生于路边；29°29′00″N、86°30′39″E、4605米；董洪进、李世升、杨涵、涂俊超-HJDXZ-507

毛萼獐牙菜 *Swertia hispidicalyx* Burkill

一年生草本；高0.05～0.25米；生于山坡、河边、草原潮湿处、高山草地；4650米；青藏队-76-8579

报春花科 Primulaceae

雪球点地梅 *Androsace robusta* (R. Knuth) Handel-Mazzetti

草本；高0.01～0.02米；生于河边石砾坡；30°23′41″N、81°12′15″E、4633米；董洪进、王毅、段涵宁、朱永-HJDXZ-1345

垫状点地梅 *Androsace tapete* Maximowicz

草本；高0.01米；生于湖边高地；30°35′40″N、81°20′29″E、4728米；董洪进、李世升、杨涵、涂俊超-HJDXZ-592

海乳草 *Glaux maritima* Linnaeus

草本；高0.03～0.25米；生于水边湿地；30°44′02″N、81°36′40″E、4556米；董洪进、王毅、段涵宁、朱永-HJDXZ-1226

西藏报春 *Primula tibetica* Watt

草本；高0.1米；生于溪边；30°25′44″N、81°9′28″E、4335米；董洪进、李世升、杨涵、涂俊超-HJDXZ-605

车前草科 Plantaginaceae

杉叶藻 *Hippuris vulgaris* Linnaeus

草本；高0.08～1.5米；生于湖边沼泽；30°44′38″N、81°36′45″E、4557米；董洪进、李世升、杨涵、涂俊超-HJDXZ-546

车前 *Plantago asiatica* Linnaeus

草本；高0.2米；生于路边土坡；31°45′27″N、79°29′41″E、3999米；董洪进、王毅、段涵宁、朱永-HJDXZ-1301

平车前 *Plantago depressa* Willdenow

草本；高0.3米；生于路边石砾；30°19′28″N、81°10′15″E、3917米；董洪进、李世升、杨涵、涂俊超-HJDXZ-652

桔梗科 Campanulaceae

喜马拉雅沙参 *Adenophora himalayana* Feer

草本；高0.15～0.6米；生于山坡石砾；30°26′05″N、81°10′03″E、4458米；董洪进、王毅、段涵宁、朱永-HJDXZ-1254

灰毛风铃草 *Campanula cana* Wallich

草本；高0.1～0.3米；生于河边石砾坡；30°22′56″N、81°11′25″E、4480米；董洪进、王毅、段涵宁、朱永-HJDXZ-1332

紫草科 Boraginaceae

锚刺果 *Actinocarya tibetica* Bentham

草本；高0.1米；生于湖边沙砾地；30.7338243°N、81.6108883°E、4564米；董洪进、王毅、段涵宁、朱永-HJDXZ-1222

狼紫草 *Anchusa ovata* Lehmann

草本；高0.1～0.4米；生于路边；30°19′26″N、81°10′15″E、3914米；董洪进、李世升、杨涵、涂俊超-HJDXZ-655

软紫草 *Arnebia euchroma* (Royle) I. M. Johnston

草本；高0.15～0.4米；生于山坡石砾；30°26′05″N、81°10′03″E、4467米；董洪进、王毅、段涵宁、朱永-HJDXZ-1256

黄花软紫草 *Arnebia guttata* Bunge

草本；高0.1～0.25米；生于路边土坡；31°39′50″N、79°44′44″E、3970米；董洪进、王毅、段涵宁、朱永-HJDXZ-1294

具柄齿缘草 *Eritrichium petiolare* W. T. Wang

多年生草本；高0.1～0.2米；生于阳坡石缝；5100米；生物研究所-4242

陀果齿缘草 *Eritrichium petiolare* var. *subturbinatum* W. T. Wang

草本；高0.1米；生于阳坡石缝；5100米；生物研究所西藏考察队-4242

喜马拉雅鹤虱 *Lappula himalayensis* C. J. Wang

草本；高0.07～0.15米；生于溪谷山坡石砾；30°26′09″N、81°10′04″E、4478米；董洪进、王毅、段涵宁、朱永-HJDXZ-1269

毛果草 *Lasiocaryum densiflorum* (Duthie) I. M. Johnston

草本；高0.03～0.06米；生于湖边沙地；30°44′34″N、81°36′40″E、4575米；董洪进、李世升、杨涵、涂俊超-HJDXZ-550

西藏微孔草 *Microula tibetica* Bentham

草本；高0.3米；生于水边湿地；30°44′02″N、81°36′39″E、4565米；董洪进、王毅、段涵宁、朱永-HJDXZ-1220

小微孔草 *Microula younghusbandii* Duthie

草本；高0.015～0.05米；生于草原灌丛中；4900米；青藏队-76-8556a

茄科 Solanaceae

天仙子 *Hyoscyamus niger* Linnaeus

草本；高1米；生于路边；30°20′40″N、81°9′39″E、4016米；董洪进、李世升、杨涵、涂俊超-HJDXZ-660

中亚天仙子 *Hyoscyamus pusillus* Linnaeus

一年生草本；高0.25米；生于砾石地；4530米；生物研究所西藏考察队-4141

西藏泡囊草 *Physochlaina praealta* (Decaisne) Miers

草本；高0.3～0.5米；生于水边沙砾地；30°37′09″N、81°31′25″E、4559米；董洪进、王毅、段涵宁、朱永-HJDXZ-1227

旋花科 Convolvulaceae

田旋花 *Convolvulus arvensis* Linnaeus

草本；高0.1～0.3米；生于路边；30°11′56″N、81°15′12″E、3717米；董洪进、李世升、杨涵、涂俊超-HJDXZ-595

玄参科 Scrophulariaceae

大花小米草 *Euphrasia jaeschkei* Wettstein

草本；高0.1～0.2米；生于溪边；30°33′44″N、81°26′29″E、4558米；董洪进、李世升、杨涵、涂俊超-HJDXZ-583

肉果草 *Lancea tibetica* J. D. Hooker & Thomson

草本；高0.08～0.15米；生于溪边；30°33′36″N、81°26′32″E、4575米；董洪进、李世升、杨涵、涂俊超-HJDXZ-568

藏玄参 *Oreosolen wattii* J. D. Hooker

草本；高0.02～0.05米；生于山坡石砾；30°32′41″N、81°23′28″E、4715米；董洪进、李世升、杨涵、涂俊超-HJDXZ-671

阿拉善马先蒿 *Pedicularis alaschanica* Maximowicz

多年生草本；高0.35米；生于山坡；4700米；青藏队-76-8576

碎米蕨叶马先蒿 *Pedicularis cheilanthifolia* Schrenk

草本；高0.05～0.3米；生于溪边；30°33′36″N、81°26′32″E、4557米；董洪进、李世升、杨涵、涂俊超-HJDXZ-579

管状长花马先蒿 *Pedicularis longiflora* var. *tubiformis* (Klotzsch) P. C. Tsoong

草本；高0.15米；生于湖边草地；30°44′37″N、81°36′44″E、4559米；董洪进、李世升、杨涵、涂俊超-HJDXZ-548

甘肃马先蒿 *Pedicularis kansuensis* Maximowicz

草本；高0.4～0.6米；生于溪边；30°33′36″N、81°26′32″E、4566米；董洪进、李世升、杨涵、涂俊超-HJDXZ-580

大唇拟鼻花马先蒿 *Pedicularis rhinanthoides* subsp. *labellata* (Jacquemont) Tsoong

草本；高0.04～0.3米；生于河边草地；30°34′33″N、81°35′50″E、4602米；董洪进、王毅、段涵宁、朱永-HJDXZ-1273

齿叶玄参 *Scrophularia dentata* Royle ex Bentham

草本；高0.2～0.4米；生于路边石砾；30°44′14″N、81°38′27″E、4589米；董洪进、李世升、杨涵、涂俊超-HJDXZ-534

毛果婆婆纳 *Veronica eriogyne* H. Winkler

草本；高0.2～0.5米；生于山坡石砾；30°47′59″N、81°23′00″E、4718米；董洪进、李世升、杨涵、涂俊超-HJDXZ-670

紫葳科 Bignoniaceae

藏波罗花 *Incarvillea younghusbandii* Sprague

矮小宿根草本；高0.1～0.2米；生于草原灌丛中；4850米；青藏队-76-8570

唇形科 Lamiaceae

白花枝子花 *Dracocephalum heterophyllum* Bentham

草本；高0.1～0.15米；生于湖边沙地；30°44′38″N、81°36′50″E、4592米；董洪进、李世升、杨涵、涂俊超-HJDXZ-542

毛穗香薷 *Elsholtzia eriostachya* (Bentham) Bentham

草本；高0.15～0.37米；生于路边河滩；30°44′14″N、81°38′27″E、4586米；董洪进、李世升、杨涵、涂俊超-HJDXZ-530

褪色扭连钱 *Marmoritis decolorans* (Hemsley) H. W. Li

多年生草本；生于高山砂石山坡上或谷地；历史标本记录

雪地扭连钱 *Marmoritis nivalis* (Jacquemont ex Bentham) Hedge

草本；高0.1～0.15米；生于垭口山坡石砾坡；30°23′52″N、81°12′09″E、4835米；董洪进、王毅、段涵宁、朱永-HJDXZ-1350

圆叶扭连钱 *Marmoritis rotundifolia* Bentham
草本；高0.1～0.2米；生于溪谷山坡石砾；30°26′07″N、81°10′02″E、4468米；董洪进、王毅、段涵宁、朱永-HJDXZ-1270

异色荆芥 *Nepeta discolor* Royle ex Bentham
多年生草本；高0.2米；生于田埂；4000米；FLPH Tibet Expedition-12-0132

札达荆芥 *Nepeta zandaensis* H. W. Li
草本；高0.1～0.2米；生于斜坡石砾地；31°46′35″N、79°24′10″E、4405米；董洪进、王毅、段涵宁、朱永-HJDXZ-1310

线叶百里香 *Thymus linearis* Bentham
多年生草本；高0.05米；生于路边河滩；30°19′33″N、80°02′27″E、4000米；青藏队植被组-13234

水麦冬科 Juncaginaceae

海韭菜 *Triglochin maritima* Linnaeus
草本；高0.2米；生于溪边；30°25′44″N、81°9′27″E、4334米；董洪进、李世升、杨涵、涂俊超-HJDXZ-601

水麦冬 *Triglochin palustris* Linnaeus
草本；高0.2米；生于溪边；30°33′36″N、81°26′32″E、4567米；董洪进、李世升、杨涵、涂俊超-HJDXZ-571

眼子菜科 Potamogetonaceae

丝叶眼子菜 *Stuckenia filiformis* (Persoon) Borner
沉水草本；高0.3米；生于沟塘、湖沼；4700米

篦齿眼子菜 *Stuckenia pectinata* (Linnaeus) Borner
草本；高1米；生于沉水；30°44′16″N、81°38′22″E、4562米；董洪进、王毅、段涵宁、朱永-HJDXZ-1214

百合科 Liliaceae

粗根韭 *Allium fasciculatum* Rendle
草本；高0.05～0.15米；生于溪边沙地；30°49′01″N、81°36′49″E、4625米；董洪进、李世升、杨涵、涂俊超-HJDXZ-673

青甘韭 *Allium przewalskianum* Regel
草本；高0.1～0.4米；生于斜坡；30°35′36″N、81°34′22″E、4595米；董洪进、王毅、段涵宁、朱永-HJDXZ-1231

穗花韭 *Milula spicata* Prain
草本；高0.05～0.26米；生于湖边沙地；30°33′25″N、81°23′38″E、4614米；董洪进、李世升、杨涵、涂俊超-HJDXZ-588

轮叶黄精 *Polygonatum verticillatum* (Linnaeus) Allioni
草本；高0.35米；生于山坡石砾坡；30°23′36″N、81°11′57″E、4642米；董洪进、王毅、段涵宁、朱永-HJDXZ-1355

灯心草科 Juncaceae

锡金灯心草 *Juncus sikkimensis* J. D. Hooker
草本；高0.1～0.26米；生于溪边；30°33′36″N、81°26′32″E、4567米；董洪进、李世升、杨涵、涂俊超-HJDXZ-570

展苞灯心草 *Juncus thomsonii* Buchenau

草本；高0.1～0.2米；生于溪边；30°33′36″N、81°26′32″E、4589米；董洪进、李世升、杨涵、涂俊超-HJDXZ-569

莎草科 Cyperaceae

华扁穗草 *Blysmus sinocompressus* Tang & F. T. Wang

草本；高0.05～0.2米；生于路边河滩；30°44′14″N、81°38′27″E、4583米；董洪进、李世升、杨涵、涂俊超-HJDXZ-529

尖鳞薹草 *Carex atrata* subsp. *pullata* (Boott) Kukenthal

草本；高0.15～0.65米；生于溪谷山坡石砾；30°26′09″N、81°10′23″E、4548米；董洪进、王毅、段涵宁、朱永-HJDXZ-1268

黑褐穗薹草 *Carex atrofusca* subsp. *minor* (Boott) T. Koyama

草本；高0.7米；生于路边石砾；30°32′51″N、81°23′09″E、4681米；董洪进、李世升、杨涵、涂俊超-HJDXZ-664

窄叶薹草 *Carex montis-everesti* Kükenthal

草本；高0.02～0.15米；生于山坡灌丛、草地；4700米；青藏队-8254

青藏薹草 *Carex moorcroftii* Falconer ex Boott

草本；高0.07～0.2米；生于路边河滩；30°44′14″N、81°38′27″E、4583米；董洪进、李世升、杨涵、涂俊超-HJDXZ-528

小薹草 *Carex parva* Nees

草本；高0.1～0.35米；生于河边草地；30°34′34″N、81°35′51″E、4615米；董洪进、王毅、段涵宁、朱永-HJDXZ-1278

匍匐茎飘拂草 *Fimbristylis stolonifera* C. B. Clarke

草本；高0.3～0.7米；生于山坡沙地；4900米；青藏队-6482

线叶嵩草 *Kobresia capillifolia* (Decaisne) C. B. Clarke

草本；高0.1～0.45米；生于石砾地；30°32′33″N、81°22′53″E、4760米；董洪进、王毅、段涵宁、朱永-HJDXZ-1245

薹穗嵩草 *Kobresia caricina* Willdenow

草本；高0.2～0.25米；生于草甸及河漫滩；4500米；生物研究所西藏考察队-4197

高山嵩草 *Kobresia pygmaea* (C. B. Clarke) C. B. Clarke

垫状草本；高0.035米；生于山坡草甸；5300米；青藏队-76-8208

赤箭嵩草 *Kobresia schoenoides* (C. A. Meyer) Steudel

草本；高0.15～0.6米；生于路边河滩；30°44′14″N、81°38′28″E、4585米；董洪进、李世升、杨涵、涂俊超-HJDXZ-531

双柱头针蔺 *Trichophorum distigmaticum* (Kukenthal) T. V. Egorova

草本；高0.1～0.25米；生于山坡；4500米

禾本科 Poaceae

醉马草 *Achnatherum inebrians* (Hance) Keng ex Tzvelev

草本；高0.6～1米；生于路边河滩；30°44′14″N、81°38′27″E、4585米；董洪进、李世升、杨涵、涂俊超-HJDXZ-526

芨芨草 *Achnatherum splendens* (Trinius) Nevski
草本；高0.5~2.5米；生于路边土坡；31°39′51″N、79°44′44″E、3973米；董洪进、王毅、段涵宁、朱永-HJDXZ-1290

广序剪股颖 *Agrostis hookeriana* C. B. Clarke ex J. D. Hooker
草本；高0.6~0.7米；生于河边；30°30′18″N、81°6′14″E、4169米；董洪进、李世升、杨涵、涂俊超-HJDXZ-623

假苇拂子茅 *Calamagrostis pseudophragmites* (A. Haller) Koeler
草本；高0.4~1米；生于河边；30°29′58″N、81°6′01″E、4162米；董洪进、李世升、杨涵、涂俊超-HJDXZ-624

沿沟草 *Catabrosa aquatica* (Linnaeus) P. Beauvois
草本；高0.2~0.7米；生于河边草地；30°34′32″N、81°35′51″E、4608米；董洪进、王毅、段涵宁、朱永-HJDXZ-1274

扁芒草 *Danthonia cumminsii* J. D. Hooker
草本；高0.15~0.6米；生于河边石砾坡；30°22′57″N、81°11′27″E、4487米；董洪进、王毅、段涵宁、朱永-HJDXZ-1333

垂穗披碱草 *Elymus nutans* Grisebach
草本；高0.5~0.7米；生于路边河滩；30°44′14″N、81°38′27″E、4595米；董洪进、李世升、杨涵、涂俊超-HJDXZ-523

普兰披碱草 *Elymus pulanensis* (H. L. Yang) S. L. Chen
草本；高0.3~0.5米；生于山坡；30°25′42″N、81°9′26″E、4346米；董洪进、李世升、杨涵、涂俊超-HJDXZ-615

昌都羊茅 *Festuca changduensis* L. Liu
草本；高0.6~1米；生于湖边沙地；30°44′39″N、81°36′50″E、4579米；董洪进、李世升、杨涵、涂俊超-HJDXZ-540

细芒羊茅 *Festuca stapfii* E. B. Alexeev
草本；高0.2~0.7米；生于溪边；30°25′44″N、81°9′27″E、4333米；董洪进、李世升、杨涵、涂俊超-HJDXZ-599

芒洽草 *Koeleria litvinowii* Domin
草本；高0.03~0.15米；生于路边河滩；30°44′14″N、81°38′27″E、4584米；董洪进、李世升、杨涵、涂俊超-HJDXZ-527

洽草 *Koeleria macrantha* (Ledebour) Schultes
草本；高0.25~0.6米；生于溪边；30°33′36″N、81°26′32″E、4574米；董洪进、李世升、杨涵、涂俊超-HJDXZ-577

赖草 *Leymus secalinus* (Georgi) Tzvelev
草本；高0.4~1米；生于路边土坡；31°45′27″N、79°29′42″E、4005米；董洪进、王毅、段涵宁、朱永-HJDXZ-1300

伊朗臭草 *Melica persica* Kunth
草本；高0.15~0.5米；生于路边石砾；30°19′06″N、81°10′42″E、3911米；董洪进、李世升、杨涵、涂俊超-HJDXZ-646

固沙草 *Orinus thoroldii* (Stapf ex Hemsley) Bor
草本；高0.12~0.2米；生于路边土坡；31°39′51″N、79°44′45″E、3972米；董洪进、王毅、段涵宁、朱永-HJDXZ-1292

白草 *Pennisetum flaccidum* Grisebach

草本；高0.2~0.9米；生于路边石砾地；30°21′02″N、81°9′00″E、4086米；董洪进、王毅、段涵宁、朱永-HJDXZ-1314

细弱落芒草 *Piptatherum laterale* (Regel) Munro ex Nevski

草本；高0.3~0.6米；生于路边石砾地；30°21′19″N、81°10′06″E、4102米；董洪进、王毅、段涵宁、朱永-HJDXZ-1322

阿拉套早熟禾 *Poa albertii* Regel

草本；高0.15米；生于山坡灌丛草地；4900米；青藏队-8262

拉哈尔早熟禾 *Poa albertii* subsp. *lahulensis* (Bor) Olonova & G. Zhu

草本；高0.1~0.3米；生于湖边溪流；30°33′36″N、81°26′32″E、4596米；董洪进、王毅、段涵宁、朱永-HJDXZ-1239

中亚早熟禾 *Poa litwinowiana* Ovczinnikov

多年生丛生草本；高0.1~0.25米；生于锦鸡儿灌丛中；4700米；生物研究所西藏考察队-4236

草地早熟禾 *Poa pratensis* Linnaeus

草本；高0.5~0.9米；生于山坡石砾；30°26′07″N、81°10′07″E、4487米；董洪进、王毅、段涵宁、朱永-HJDXZ-1259

锡金早熟禾 *Poa sikkimensis* (Stapf) Bor

草本；高0.1~0.4米；生于路边石砾地；30°21′19″N、81°10′06″E、4103米；董洪进、王毅、段涵宁、朱永-HJDXZ-1323

西藏早熟禾 *Poa tibetica* Munro ex Stapf

草本；高0.2~0.6米；生于湖边溪流；30°33′35″N、81°26′31″E、4603米；董洪进、王毅、段涵宁、朱永-HJDXZ-1240

双叉细柄茅 *Ptilagrostis dichotoma* Keng ex Tzvelev

草本；高0.4~0.5米；生于路边河滩；30°44′14″N、81°38′27″E、4584米；董洪进、李世升、杨涵、涂俊超-HJDXZ-536

展穗碱茅 *Puccinellia diffusa* (V. I. Kreczetowicz) V. I. Kreczetowicz ex Drobow

草本；高0.3~0.6米；生于水边沙砾地；30°37′10″N、81°31′22″E、4569米；董洪进、王毅、段涵宁、朱永-HJDXZ-1230

喜马拉雅碱茅 *Puccinellia himalaica* Tzvelev

草本；高0.1~0.2米；生于湖边溪流；30°33′36″N、81°26′32″E、4598米；董洪进、王毅、段涵宁、朱永-HJDXZ-1238

裸花碱茅 *Puccinellia nudiflora* (Hackel) Tzvelev

草本；高0.1~0.2米；生于温泉边；30°35′21″N、81°34′51″E、4597米；董洪进、王毅、段涵宁、朱永-HJDXZ-1232

西域碱茅 *Puccinellia roshevitsiana* (Schischkin) V. I. Kreczetowicz ex Tzvelev

多年生丛生草本；高0.5~0.8米；生于水边沙砾地；4800米；青藏队-6485

穗序碱茅 *Puccinellia subspicata* V. I. Kreczetowicz ex Ovczinnikov & Czukavina

多年生草本；高0.05~0.15米；生于水边沙砾地；4800米；青藏队-6484

三蕊草 *Sinochasea trigyna* Keng

多年生草本；高0.07~0.45米；生于草原灌丛中；4850米；青藏队-8561

短花针茅 *Stipa breviflora* Grisebach

草本；高0.2~0.6米；生于路边山坡；4100米；青藏队-76-8459

长芒草 *Stipa bungeana* Trinius

草本；高0.2~0.6米；生于河边石砾坡；30°21′41″N、81°10′09″E、4162米；董洪进、王毅、段涵宁、朱永-HJDXZ-1331

丝颖针茅 *Stipa capillacea* Keng

草本；高0.2~0.5米；生于溪边；30°33′36″N、81°26′32″E、4574米；董洪进、李世升、杨涵、涂俊超-HJDXZ-564

沙生针茅 *Stipa caucasica* subsp. *glareosa* (P. A. Smirnov) Tzvelev

草本；高0.15~0.25米；生于路边土坡；31°39′50″N、79°44′44″E、3970米；董洪进、王毅、段涵宁、朱永-HJDXZ-1293

紫花针茅 *Stipa purpurea* Grisebach

草本；高0.25~0.45米；生于山坡草甸；4530米；生物研究所西藏考察队-4165

昆仑针茅 *Stipa roborowskyi* Roshevitz

草本；高0.3~0.75米；生于山坡草地；4530米；生物研究所西藏考察队-4144

座花针茅 *Stipa subsessiliflora* (Ruprecht) Roshevitz

草本；高0.25~0.45米；生于山坡草甸；4850米；青藏队-76-8577

优雅三毛草 *Trisetum scitulum* Bor

草本；高0.3~0.6米；生于路边河滩；30°44′14″N、81°38′28″E、4589米；董洪进、李世升、杨涵、涂俊超-HJDXZ-533